# 新しいウイルス入門

## 単なる病原体でなく生物進化の立役者？

武村政春　著

ブルーバックス

カバー装幀／芦澤泰偉・児崎雅淑
目次・章扉デザイン／中山康子
本文イラスト／永美ハルオ
カバー・本文写真／PPS（図1、図18～21、図23～24、図30～32、図40）
本文図版／さくら工芸社

# はじめに

毎年冬になると、多くの人が恐れおののき、ヤキモキし、ひたすら通り過ぎるのを待つものがある。

目にも見えず、耳にも聞こえず、匂いも味もしないもの。いや、そういうものだからこそ、その〝存在〟に恐怖し、神経を尖らせるもの。

インフルエンザウイルスである。言わずと知れた、多くの国民が毎年のように苦しめられる病原体だ。

病原体というと、バクテリア（細菌）などの微生物を思い浮かべる方が多いだろう。バクテリアはれっきとした生物であるが、一個の細胞でできた「単細胞生物」だから、私たちよりもはるかに小さく、普通は目に見えない、それゆえにこそ病原体として恐怖の対象になっているとも言えよう。

ところがインフルエンザウイルスは、そのバクテリアよりももっと小さい。目に見えないどころではなく、普通の顕微鏡を使っても見えない。恐怖の対象としての病原体の地位は、バクテリアよりもはるかに強力だと見てよいだろう。

しかも、バクテリアは生物なのに、ウイルスは生物とはみなされていない。生物ではないのなら、いったい何なのか？

本書は、タイトルにもあるように、ウイルスに関する入門書である。まずはオーソドックスな内容として、ウイルスとはどんな形をし、どんな種類があり、どんな〝悪さ〟をしているのか、そうした視点で深く掘り下げて解説することを目的としている。一方で、最近のウイルスの研究の最前線の様子をふくめて、ウイルスの「生物学的な側面」を強調し、分かりやすく読者諸賢に伝えることもまた、本書の目的である。

現代の世相で言えば、ウイルスというと「コンピューターウイルス」のほうが人口に膾炙しているとも言えるが、ふと気がつけば、もう一方の〝本家〟ウイルスに振り回される私たちがいる。

ウイルスは単なる悪者、厄介者ではない。確かに人間にとっては厄介者だが、じつは生物の進化になくてはならないものだったのかもしれない。

いったいウイルスとは何者なのだろう。

本書をお読みいただくことにより、この疑問にある程度こたえることができるかもしれないが、おそらくはまだまだ部分的にしか明らかにされないだろう。なぜなら、ウイルスに関する研究自体が、まだまだ終わっているわけではないからである。始まったばかりと言ってもいいくらいだ。

それよりも筆者は、読者諸賢が本書を読み終えたとき、そのイメージの中で、ウイルスと聞けばすぐさま「インフルエンザ」、「病原体」が代表的表象（シンボル）として浮かび上がってきたこれまでの様相が一変し、「ウイルスもこの世界に必要なものだったのだなあ」という思いが広がってくれることを、その研究のほんの一端に関わった者として、そしてこの本の著者として、ひとえに願っている次第である。

武村　政春

※二〇二〇年三月一一日付の第4刷にあたって

本書は、二〇一三年に上梓したウイルスの生物学に関する本であり、昨今の新型コロナウイルス感染拡大への予防法など、すぐに役立つ情報は含まれていない。

「ウイルスとは何か」を改めて考えていただくこと、ウイルスとの「共存」を考えていく時代に入りつつあることに思いをめぐらせていただくことを改めて願いつつ、新型コロナウイルスの感染が一日も早く収束することを願っている。

# 目次

はじめに　3

プロローグ　発見された巨大ウイルス　13

第一章　生物に限りなく近い物質　19

1-1　ウイルスの形　20
ウイルスは生物ではない?／核酸／タンパク質／ウイルスの一般的な形と大きさ

1-2　ウイルスの種類　33
ウイルスの分類／DNAウイルスとRNAウイルス

1-3　ウイルスの生活　40
ウイルスはどこにいるのか／ウイルスもやっぱり水の中にいる／〝食べられて〟生きていく生物

第二章　ウイルスの生活環　49

2－1　ウイルスの増殖　50
六つのステップ／①吸着／②侵入／③脱殻／④合成／⑤成熟／⑥放出／ウイルスは潜伏する

2－2　ウイルスと「セントラルドグマ」　66
DNAとRNA／①DNA／②RNA／セントラルドグマ／①転写／②翻訳／ウイルスとセントラルドグマ／①DNAウイルスの「合成」／②RNAウイルスの「合成」

コラム1　役に立つウイルスたち（その1）　～医療分野で用いられるウイルス～　80

第三章　ウイルスはどう病気を起こすのか　83

3－1　ポックスウイルスと天然痘　84
ジェンナーと種痘／ポックスウイルスの構造と種類／天然痘とその発症メカニズム

3-2 **風邪のウイルスたち** 92

やぶ医者と風邪／ピコルナウイルスの構造／ピコルナウイルスの〝悪さ〟／ライノウイルスの感染と風邪の症状／胃腸炎とノロウイルス／占いよりも信憑性の高い話　～ノロウイルスと血液型～

3-3 **インフルエンザウイルスと突然変異** 104

インフルエンザウイルスにはタイプがある／インフルエンザウイルスの「亜型」／パンデミック（世界的大流行）とエピデミック（小規模な流行）／インフルエンザウイルスの構造／インフルエンザウイルスの生活環と病原性／インフルエンザウイルスと突然変異　～修復されないミスコピー～／インフルエンザウイルスと突然変異　～組み合わせが変わる～

3-4 **エイズウイルス、そしてエマージングウイルス** 121

ヒトT細胞白血病ウイルス／ヒト免疫不全ウイルス／エマージングウイルスとは何か／さまざまなエマージングウイルス／ウイルスは生物とともにある

コラム2 **役に立つウイルスたち（その2）　～工業分野で用いられるウイルス～** 137

第四章 ウイルスは生物進化に関わったのか 139

4-1 哺乳類の進化におけるウイルスの役割 140
生物の進化とトランスポゾン／レトロウイルスから遺伝子への進化／胎盤／胎盤の形成に関わる遺伝子／生物進化に関わったウイルス

第五章 ウイルスの起源 153

5-1 ウイルスはどう誕生したか 154
もともとは細胞だったという仮説／細胞内の自己複製分子がウイルスになったという仮説／細胞とは別個に誕生したという仮説

第六章 巨大ウイルスの波紋 163

6－1 生物により近いウイルス 164
巨大ウイルスの〝先駆者〟クロレラウイルス／ミミウイルス／ミミウイルスの構造／ヴァイロファージ

第七章 ウイルスによる核形成仮説 177

7－1 ウイルス工場と細胞核 178
ウイルス工場とは／第二の核／DNAポリメラーゼの分子系統樹／DNAポリメラーゼαは〝共生〟したウイルス由来か／ウイルスによる核形成仮説

7－2 細胞核とDNAウイルス 188
細胞核とDNAウイルスの共通点／ウイルス的な細胞核

エピローグ　結局、ウイルスとは何なのか　195

さらに巨大なウイルスの発見／ウイルスと生物との境界線はなくなるかもしれない／ウイルス粒子と生殖細胞／生物の本当の姿、ウイルスの本当の姿／ウイルスが生きる世界と、生物が生きる世界

コラム3　役に立つウイルスたち（その3）　～食品分野で用いられるウイルス～　212

おわりに　216

参考図書　223

さくいん　228

# プロローグ

# 発見された巨大ウイルス

水を使って「何かを」冷やす装置といえば、化学の徒ならリービッヒ冷却器を思い浮かべるだろうが、一般には、「冷却塔」と呼ばれるもののほうがよく知られているかもしれない。冷却水を使って空気などを冷やす装置で、屋外に設置する大きなものだ。

一九九二年、イギリス・ブラッドフォード（イングランド北部にある都市）のとある病院の冷却塔の水の中から、とても興味深いアメーバが見つかった。

アメーバ自体はどこにでもいるもので、特にどうということはないのだが、その中にバクテリアのような微生物が感染していることが分かったのである。

当初、それはバクテリアであると思われた。だって光学顕微鏡で見えるんだもの、と、当時の科学者は述懐するだろう。

それまでの常識から言って、他の生物の細胞の中に〝感染〟し、しかも光学顕微鏡で見えるほどの大きさをもつものといえば、まず真っ先に「バクテリアだ！」ということになるのは仕方のないことだった。

アメーバにバクテリアが感染していること自体は、これまた珍しいことではない。原生生物の中には、バクテリアをその細胞内に共生させて生きているものもいるくらいだ。

しかし今回のアメーバはちょっと違った。

そのアメーバに〝感染〟していたソレは、じつはバクテリアではなかった。だからこそ「とても興味深い」ことだったのである。

とはいえ、このことが分かったのは、発見から一〇年以上経過した、二一世紀に入ってからのことであった。

生物の中には、他の生物の擬態をするものがいる。

擬態するとは、言い換えると「マネをする」ということである。マネをするとは、やや難しく言うと「模倣する」ということだ。

何かのマネをするといっても、当人が本当に「アイツのマネをしてやろうぜ」的なノリで模倣するのではない。

模倣、すなわち擬態する生物の代表的なものとして、チョウの一種ナガサキアゲハが、その羽の模様を他属のホソバジャコウアゲハの羽の模様に似せているという事例が知られている。ホソバジャコウアゲハは鳥にとって非常に不味（まず）いので、ナガサキアゲハはそれに擬態することで鳥からの捕食を免れているというわけだ。

生物学的に言えば、消費者・犠牲者相互作用の存在下で生き残ろうとする生物たちの飽くなき進化的欲求の帰結として、「模倣したかのように見える生物が生き残ってきた」と言うのがより正しい理解であろう。

ブラッドフォードの冷却塔の水の中にいたアメーバに〝感染〟していたソレは、別にバクテリアの「マネ」をしていたわけではなかった。学者たちが、いわば〝勝手に〟バクテリアだと思い込んだのだから、ソレに罪はない。

あまりにもサイズが大きかったがために、学者たちには、あたかもソレがバクテリアの「マネ」をしているように見えたのかもしれなかった。

ソレは、じつは「ウイルス」だったのである。しかも巨大な！

それまでのウイルスは、光学顕微鏡では決して見ることができなかった。小さすぎたためである。

ところが、このウイルスは光学顕微鏡でも見えたのだ。ただし単体ではなく、アメーバの内部にひしめき合っている様子ではあったが。

「まったく、バクテリアのマネをしてオイラたちを騙しやがって」と、誰かがそう思ったか、そんなジョーク的な雰囲気を楽しんだのかは知らないが、結果的に「マネをする、似ている(mimic)ウイルス」といった意味で、ソレには「ミミウイルス」という名がつけられた。

もっとも、命名者であるフランスの微生物学者ディディエ・ラウールは、自身が幼いころ、父親が「ミミ」という名のアメーバを主人公にした物語を作ってくれたという経験があり、そのウイルスがアメーバの中から見つかったことから、「ミミウイルス」という名がふさわしいと思ったと、後に語っている（ブルックス著『まだ科学で解けない13の謎』楡井浩一訳、草思社、二〇一〇年、一八六ページより）。

現在、このミミウイルスを含むいくつかのウイルスが、「巨大ウイルス」というふうに呼ばれているが、その名にはおそらく、巨大ではない「普通のウイルス」に対する私たちヒトの思いが、そのまま反映されている。

巨大ではない普通のウイルス。それこそが私たちにとっての「ウイルス」だった。

しかし巨大ウイルスの発見を契機として、その認識が変化しようとしている。

いったいウイルスとは何者なのだろう。

謎に満ちたウイルスの世界を閉ざしていた扉が、今まさに、開かれようとしているのかもしれない。

# 第一章

# 生物に限りなく近い物質

医学の父にして「医聖」とも呼ばれる古代ギリシャのヒポクラテス（前四六〇～前三七〇？）は、すでにして、いくつかの病気が「ウイルス」によって起こるものであることを知っていたとされる。もちろん、彼は「ウイルス」という言葉を現在の意味で使っていたわけではないが、何らかの「毒」が原因となってヒトは病気になる、そう考えていたのであった。ウイルス（virus）の語源は、ラテン語で「毒」を意味する言葉である。

ヒトの歴史は長いけれども、生物の歴史、そしてウイルスの歴史の長さは、それを完全に凌駕する。

そんな長い歴史をもつウイルスに対して、わずかな歴史しかもたない私たちヒトの、ウイルスに対する「病原体」としてのイメージは、どのようにできあがってきたのだろうか。

それを知るためにはまず、基本から。

本章ならびに第二章ではウイルスの特徴について、その形、種類、生活環、そして「セントラルドグマ」という四つの観点から紐解いていくことにしよう。

## 1－1　ウイルスの形

## ウイルスは生物ではない?

一昔前は「ビールス」と呼ばれていた。ある一定の年齢以上の方には、この呼び方のほうが馴染み深いだろう。なにしろ、英語で書くと「virus」だ。これをローマ字風に読むと、どうあがいても「ヴィールス（ビールス）」と読まざるを得まい。

しかし、現代風に読むと、これは「ヴィールス」ではなく、「ウイルス」と読む。英語の発音ではこれは「ヴァイラス」と読むはずだが、なぜか日本語では「ウイルス」だ。もちろん、ウイルスを知るために、言葉の問題は本質的ではない。

では、私たちは、どのようなものを「ウイルス」と称しているのだろうか。

「はじめに」でも述べたように、ほとんどの生物学者は、ウイルスは生物ではないと思っている。

『生物学辞典』（石川統ほか編、東京化学同人、二〇一〇年）によれば、ウイルスは「限りなく生物に近い物質とみなす」とある。

つまり、ウイルスは生物ではなく、「物質」なのである。いや、少なくともそうみなされているのである。ただし「限りなく生物に近い」という、どうにも理解しにくい説明がなされているというだけだ。

それではいったいなぜ、ウイルスは生物ではないとみなされているのだろうか。

簡単に言うと、あるものが生物であるためには、最低限「細胞」の形をしていなければならないと、学者が勝手にそう決めているからだ。細胞とは言うまでもなく生物の体を作る基本単位であり、脂質でできた二重の膜から包まれた小さな袋で、自分で分裂でき、自分で自分自身の形を維持し続けるための仕組みをもっているもの、を指す。

学者たちがウイルスを生物ではないとみなしているということは、ウイルスがこうした形をとらず、またこうした仕組みをもっていないということを意味している。ウイルスは、細胞よりももっと単純な形をした、もっと小さな〝物体〟なのである、と。

ウイルスそのものが「確実にいる」と判断された、つまりウイルスが最初に「発見」されたのは一八九八年のことで、動物では口蹄疫ウイルスが、植物ではタバコモザイクウイルスが、同時に――ただし別の科学者によって――発見されていた。しかしその形を捉えることはできなかった。

あまりにもウイルスが小さいためである。

一九三五年、世界で初めてウイルスが電子顕微鏡で観察されたのは、アメリカのウイルス学者ウェンデル・スタンレー（一九〇四～一九七一）が、その「結晶化」に成功したからだ。そのウイルスは、タバコモザイクウイルス（図1）であり、結晶化してもウイルスとしてのはたらきは失われなかった。
スタンレーはその業績で、一九四六年のノーベル化学賞を受賞した。
これが、ウイルスは「生物」ではなく「物質」であると認識されるに至った大きな出来事だった。

じつは、ウイルスが生物であるのかそうでないのかという議論は、ウイルス学にとっては昔から付いて回る宿命のようなものだった。結局のところ、現在に至るまで結論は出ていない、というのが本当のところだろう。なにしろ、「生物とは何か」ということにさえ、完全に確立された定義はないわけだから。

そのあたりの経緯については成書をお読みいただくとして、とりあえずここでは、ウイルスは「生物ではなく、単なる〝物体〟」としておこう。

さて、その〝物体〟の最も典型的な形を、図２に表現した。すなわちこれは、最も単純な形をしたウイルスを模式的に表したものである（図２）。

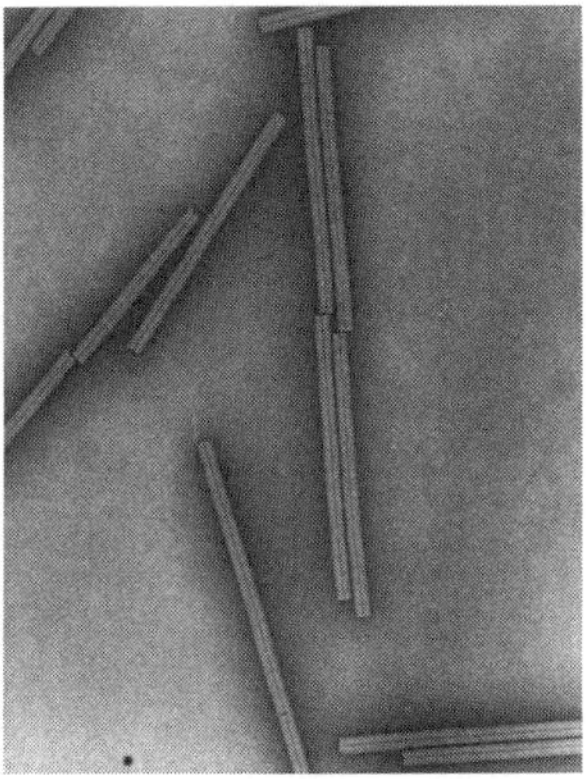

図１　タバコモザイクウイルス

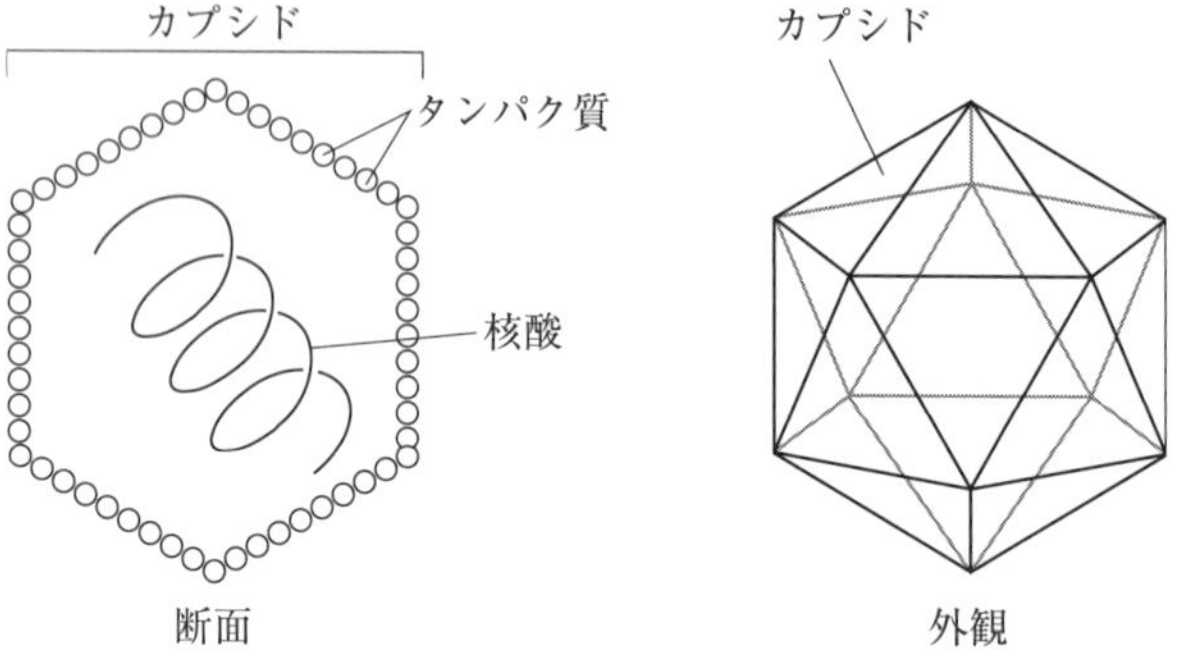


図２　ウイルスの基本的な「形」

最も単純な形をしたウイルスは、「核酸」と呼ばれる物質が、「タンパク質」と呼ばれる物質でできた殻で包まれただけの格好をしている。このタンパク質の殻を「カプシド」という。

言うなれば、タンパク質でできたカプセルの中に核酸が入っているということだ。これこそ、ウイルスがウイルスであるための「必要最低限の形」であるとさえ言えよう。タンパク質が物質なら、核酸も物質。つまりウイルスは物質だということ。

もちろん、なんでも単純であればいいというわけではなく、この単純な形が、そのウイルスにとってメリットにもなれば、またデメリットにもはたらくということもある。

言いたいのは、ウイルスがウイルスとしてはたらくのに必要最低限な形、それが、核酸がタンパク質の殻に包まれた形なのだということである。

では「核酸」とは、そして「タンパク質」とはそもそも

| 種類 | 正式名称 | 遺伝子の本体として保有しているもの |
|---|---|---|
| DNA | デオキシリボ核酸 | すべての生物・DNAウイルス |
| RNA | リボ核酸 | RNAウイルス |

表１　核酸の種類

どういう物質なのか。

　ウイルスを理解するためには、まずこのことを理解することこそ重要だ。

## 核酸

　核酸は、ウイルスだけでなく、全ての生物がもっている、とても重要な物質である。

「核酸」という名前は、私たちの細胞の中にある「細胞核」（細胞の中にある最も大きな構造体）に存在する酸性物質、というのが由来である。細胞の中に細胞核があるのは私たち「真核生物」だけだが、そうではない「原核生物」――いわゆるバクテリア――にも、核酸はちゃんとある。

　この核酸の代表が、最も有名な生体物質の一つ、「ＤＮＡ」だろう。ＤＮＡは、いわゆる「遺伝子」の本体として知られる物質であり、正式な名前は「デオキシリボ核酸」という（表１）。

　遺伝子とはすなわち、生物が親から子へ、細胞から細胞へと伝えていく、その生物がもつさまざまな特徴を書き込んだ〝設計図〟のようなものである。詳しくは２－２節で述べるが、この〝設計図〟がなければ、私たちはもう一つの

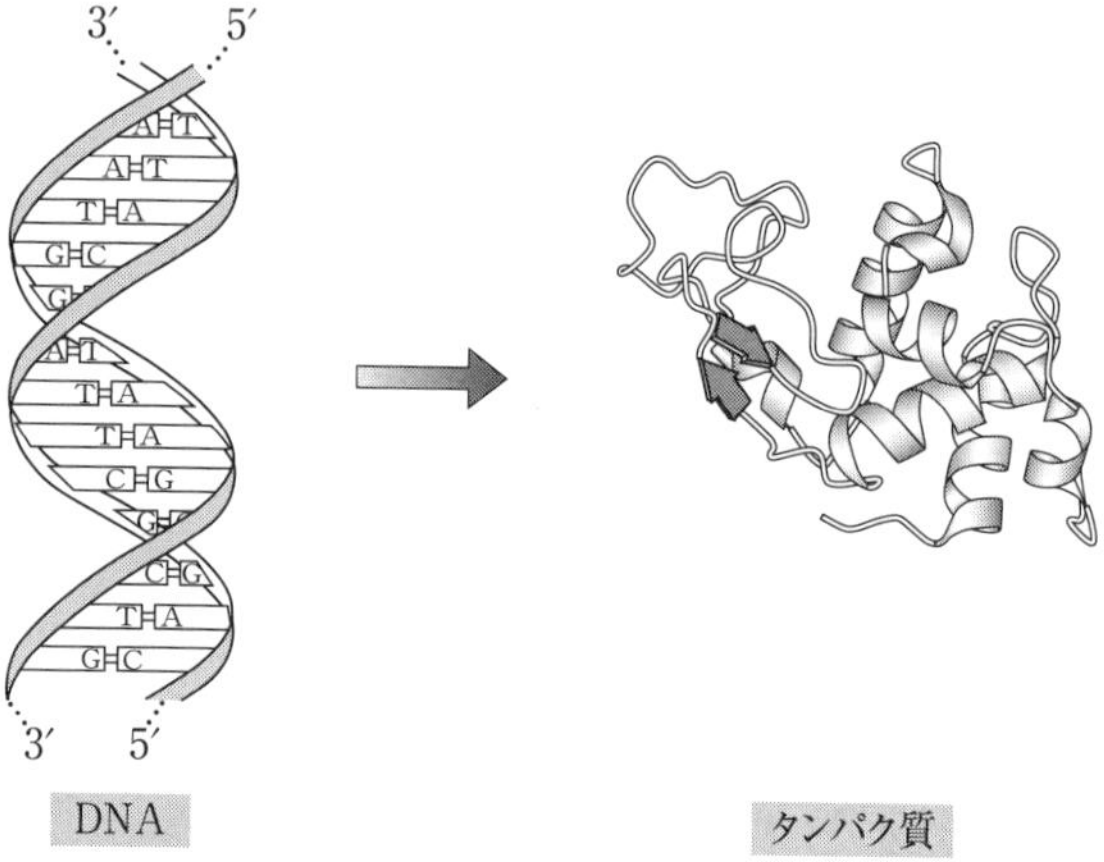


図３　DNA はタンパク質の設計図としてはたらく

重要な生体物質であるタンパク質を作り出すことができず、細胞が活動することもできない（図３）。

したがってＤＮＡは、全ての生物にとって極めて重要な物質だ。ＤＮＡというとなんとなく神秘的なイメージが流布しているようだが、生物なら誰でももっている、れっきとした化学物質である。

〝限りなく生物に近い〟ウイルスにとってもまた、私たち生物と同様にＤＮＡが重要であることに変わりはなく、一部のウイルスは、ＤＮＡを遺伝子の本体としてきちんともっている。ウイルスもまた、遺伝子をもつ存在なのだ。その点では、生物ではないとはいえ、その性質は「生物的である」と言える。やはり「物質」と割り切って捉えてしまうのは、なかなか難しい。

さて、「一部のウイルスは、ＤＮＡを遺伝子の本体としてきちんともっている」と言ったが、これは言い換えれば「ＤＮＡをもっていないウイルスもいる」ということだ。

じつは核酸には、ＤＮＡ以外にも「ＲＮＡ」と呼ばれる物質も含まれる。この核酸の正式な名前は「リボ核酸」という。お分かりのように、ＤＮＡの正式な名前「デオキシリボ核酸」から「デオキシ」という言葉が欠落した名前の核酸である（表１）。

詳しくは２－２節で述べることにして、いずれにせよＲＮＡはＤＮＡとよく似た物質であり、じつはこのＲＮＡも、遺伝子の本体としてはたらいている場合もある。「ＤＮＡをもっていないウイルス」はまさにそうしたウイルスなのだ。

まとめると、この世に存在するウイルスは、遺伝子の本体としてＤＮＡをもっているか、それともＲＮＡをもっているかによって、二つのグループに大別されるのである。

ＤＮＡをもっているウイルスを「ＤＮＡウイルス」、そしてＲＮＡをもっているウイルスを「ＲＮＡウイルス」という（表１）。

## タンパク質

ウイルスの最も単純な形は、タンパク質の殻（カプシド）の中に核酸が入っている、というものだった。

では、核酸を囲んでいる重要な物質、「タンパク質」とはどういう物質なのだろう。

| タンパク質の種類 | 役割 | 代表的なもの |
|---|---|---|
| 酵素タンパク質 | 化学反応の触媒 | アミラーゼ、DNAポリメラーゼ |
| 構造タンパク質 | 体や細胞の構造の維持 | コラーゲン、ケラチン |
| 貯蔵タンパク質 | 栄養素などの貯蔵 | アルブミン、フェリチン |
| 収縮タンパク質 | 筋肉の収縮、弛緩 | アクチン、ミオシン |
| 防御タンパク質 | 免疫反応における異物からの防御 | 免疫グロブリン |
| 調節タンパク質 | 遺伝子発現、筋収縮など細胞機能の調節 | カルモデュリン、基本転写因子 |
| 輸送タンパク質 | 難溶性物質、イオンなどの輸送 | ヘモグロビン、リポタンパク質 |

表2　タンパク質の種類

「たんぱく質」とも「蛋白質」とも書かれるこの物質は、私たち生物にとって決して「淡泊な」ものではなく、むしろ積極的で重要な、生死に関わる仕事をする生体物質である。私たちの体から全ての水分を抜いてミイラのような状態（乾燥した状態）にしたと仮定し、そこに最も大量に含まれる生体物質がタンパク質だと考えていただくと、その重要さが推し測れよう。

タンパク質というと卵の白身や牛肉などがイメージされる。だいたい「蛋白質」という名前も、もともとは「卵白質」という意味だ。

もちろんタンパク質は、卵白や牛肉、牛乳に含まれるにとどまらない。私たちヒトの体には一〇万種類（あるいはそれ以上）ものタンパク質が存在し、それぞれ与えられた役割を黙々とこなしている（表2）。

たとえば、タンパク質の最も重要な役割の一つに、体内で行われるさまざまな化学反応の「触媒」としての役割がある。触媒とは、それ自身は変化しないが、それが存在することによって、化学反応を劇的に推し進めるような物質のことをいう。

より馴染み深い言葉で言い表すと、「酵素」である。食物を消化するために使われる酵素もタンパク質だし、細胞の中で、エネルギーを使って、栄養素からさまざまな必要物質を合成するために使われる酵素もまた、タンパク質である。

もちろん酵素だけがタンパク質ではない。私たちの体を守り、病原体などをやっつける免疫系で使われる「抗体」というミサイルのような物質もタンパク質だし、皮膚の張りを保つ有名なコラーゲンもタンパク質だ——ヒトの全タンパク質の重量の三〇パーセントはコラーゲン——。細胞の形を保つ「細胞骨格」も、栄養物質を血液中で運搬するのもタンパク質。

平たく言えば、生物はタンパク質がないと生きていけないのだ。ミイラの話で述べたように、まさに「生物はタンパク質の塊である」といっても過言ではない。

生物に特有のこのタンパク質が、ウイルスにもある。これもまた、ウイルスが生物ではないにもかかわらず「生物的である」一つの理由だ。

ウイルスにはヒトのように一〇万種類ものタンパク質があるわけではなく、せいぜい数種類から多くて一〇〇〇種類程度があるだけだ。ウイルスが生存するのに必要最低限（ほんとにそう！）あればいいだけのタンパク質を、ただ〝質素に〟もっているだけだと考えることもできよう。

いずれにせよ、ウイルスにとってもタンパク質は必要な物質である。一つには、遺伝子の本体である核酸を包み込み、保護するという意味もあるが、他にもさまざまなタンパク質が、ウイルスの生きるさまざまな場面において重要な役割を果たしている。追々、ご紹介していくことにしよう。

## ウイルスの一般的な形と大きさ

さて、核酸がタンパク質の殻（カプシド）に包まれた形というのは、あくまでも最も単純なウイルスの形であって、生物に多様性（いろんな形、いろんな大きさ、いろんな性質の生物が生きている状態）があるのと同じように、ウイルスにもまた多様性がある。

子どもにポリオという病気をもたらす「ポリオウイルス」や、風邪などの原因となる「ライノウイルス」は、核酸がカプシドに包まれた単純な形をしているが、カプシドの周りに、さらに「エンベロープ」と呼ばれる膜のようなものをもったウイルスもいる（図4）。

エンベロープといえば、手紙などを入れる封筒のことを指す。手紙を封筒に入れ、そこに住所と宛名を書くことによって、手紙がきちんと宛名の住所へ送られる。

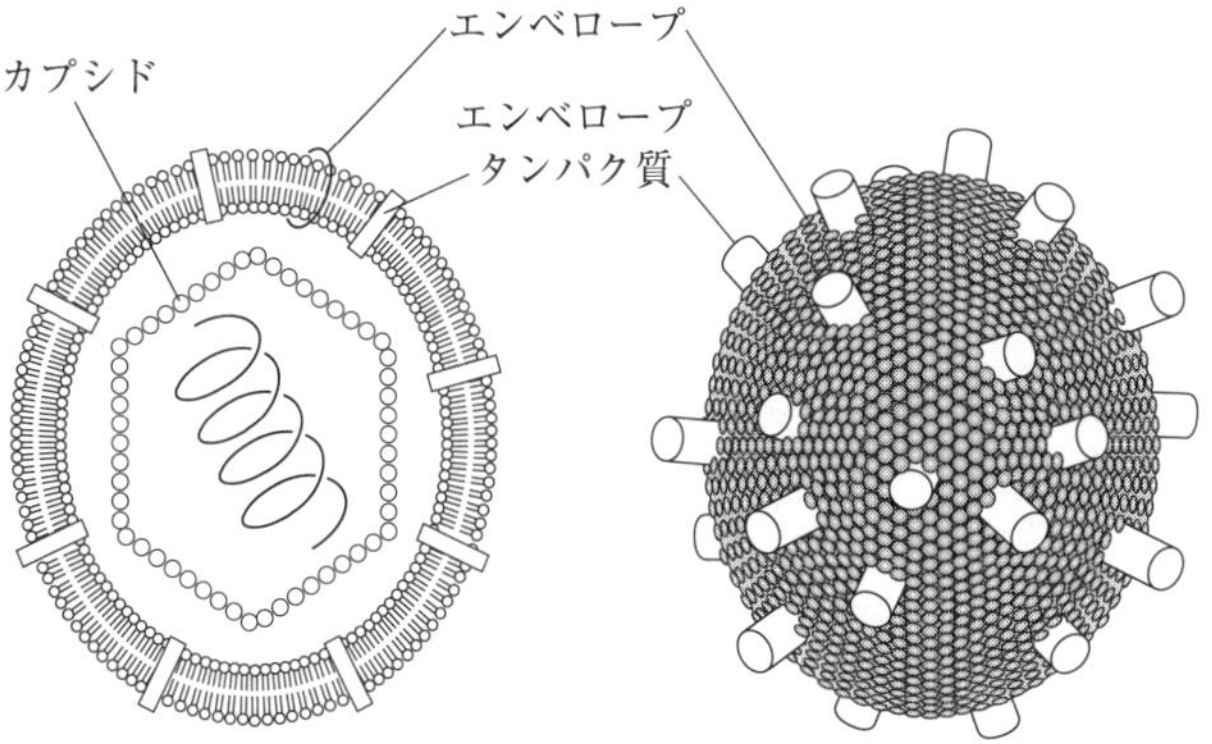


図４　エンベロープウイルス

ウイルスの場合もそれと同じく、カプシドに包まれた核酸を入れる〝封筒〟が用意されている場合があるのだ。しかもこの〝封筒〟には、じつに重要な役割があることも分かっている。ただし、ウイルス用の〝住所と宛名〟が書かれているというわけではない。ウイルスにとって、いや「宿主」（病原体などが感染したり寄生したりするときに対象となる生物のこと）となる細胞にとっても無視することのできないはたらきをもつのが、このウイルス用〝封筒〟なのである。

エンベロープは、ウイルスが作り出すタンパク質（エンベロープタンパク質）と、ウイルスが感染していた宿主の細胞から飛び出したときに連れてきた、細胞の「細胞膜」の断片からできている。

エンベロープをもたないウイルスを総称して「ノンエンベロープウイルス」、エンベロープをもつウイルスを総称して「エンベロープウイルス」という。

身近なところでは、「インフルエンザウイルス」や、すでに絶滅宣言が出された「天然痘ウイルス（痘瘡ウイルス）」などが、エンベロープウイルスに含まれる。

大きさは、エンベロープがある分、ノンエンベロープウイルスよりも、エンベロープウイルスのほうが大きい傾向にある。もちろん大きいとはいえ、「はじめに」でも述べたように、その大きさはバクテリアや、私たちの細胞ほどではない。エンベロープがあろうとなかろうと、ウイルスは通常の光学顕微鏡では全く見えないほど小さい（ただし、プロローグで紹介した「巨大ウイルス」は除く）。

千円札の肖像画で有名な医学者野口英世（一八七六〜一九二八）が、黄熱病の原因を突き止めようと、光学顕微鏡を使って懸命に病原菌を探したにもかかわらず結局見つからなかったのは、その原因が「黄熱病ウイルス」だったからである。ウイルスが小さすぎるので、野口が使っていた光学顕微鏡では到底見つけることができなかったのだ。

もともとウイルスは、バクテリアを捕まえることのできる「濾過器」を使っても捕まえることができないがために、「濾過性病原体」と呼ばれていたものだった。バクテリアでさえかろうじて見ることしかできない光学顕微鏡では、到底ウイルスを見つけることはできなかったのである。後に電子顕微鏡が発明され、世界で最初にその姿を私たちの前に現したウイルスが、先ほどご紹介したタバコモザイクウイルス（図1も参照）だったというわけだ。

# 1－2　ウイルスの種類

## ウイルスの分類

人の数だけ人生がある、とは誰が言ったセリフだったろうか。

翻って、身の回りのものに思いを巡らせてみよう。ポテトチップスにもさまざまな種類があり、コーヒーにもさまざまな種類がある。コンピューターにもさまざまな種類があり、もはや電話以外の機能ばかりが目につくようになったケータイにも多くの種類がある。

ウイルスもまた、「生物の数だけウイルスがある」といっても過言ではないほど、さまざまな種類がある。ヒトの一生を左右するウイルスもいれば、ただそこにいるだけのウイルスもいる。ウイルスとはもしかしたら、生物を知るための〝鏡〟であるのかもしれない。

ウイルスは、前節でご紹介したように、核酸がタンパク質の殻（カプシド）に包まれただけの単純かつ極小のものから、エンベロープをもった複雑なものまでさまざまである。したがって、ウイルスも分類、すなわち種類分けをしたほうが分かりやすいのだ。

ウイルスをオーソドックスに種類分けする場合、前節で述べた、もっている核酸の種類で分ける「DNAウイルスかRNAウイルスか」という分け方、エンベロープをもっているかいないかで分ける分け方、そして宿主となる生物の種類によって分ける分け方などがある。

宿主の種類といっても、ヒトやウシなど「種」レベルの話ではなく、この世に生きている全ての生物を大きく分けるレベルのものである。

この世に生きている全ての生物は、真正細菌、古細菌、真核生物の三つに大別される。前二者が原核生物、つまりバクテリアだ。この三つの分類群を「超界（ドメイン）」といい、これは高校の新しい生物の教科書にも出てくる——二〇一二年度から高校理科は新しい教科書が使われはじめている——。

前二者は原核生物だからその細胞の中に核がなく、全て「単細胞生物」だ。一方の真核生物の細胞には核があり、残りの単細胞生物と、全ての多細胞生物がこれに含まれる（当然、私たちヒトも）。

ウイルスは、これら三つの超界の生物を宿主とする「真正細菌ウイルス」、「古細菌ウイルス」、「真核生物ウイルス」に分けられる。このうち真核生物ウイルスは、動物（アメーバなども含む）を宿主とするか植物を宿主とするかによって「動物ウイルス」と「植物ウイルス」に分けられる。さらに動物ウイルスは、昆虫を宿主とするか脊椎動物を宿主とするかによって「昆虫ウイルス」と「動物ウイルス（狭義）」に分けられる。なんだかややこしいが、ややこしいなりに、この分け方が一番分かりやすいとは思う。

しかしながら現在のウイルスの分類体系は、その化学的性質であるところの「ＤＮＡウイルスかＲＮＡウイルスか」を基本として分けられているので、本書でもこれに沿ってご紹介していこう。したがって同じグループに属するウイルスの中にも動物ウイルスと植物ウイルスがいる場合がでてくる。

生物の場合、その分類群の単位は小さい順に「種→属→科→目（もく）→綱（こう）→門→界→超界」となっている。たとえば私たちの場合、ヒト（種）→ヒト（属）→ヒト（科）→霊長類（目）→哺乳類（綱）→脊索動物（門）→動物（界）→真核生物（超界）という具合だ。

ウイルスの場合も基本的にはこの分類群が用いられるが、じつはその最大の分類群は「科」であって、「目」以上の分類群は設定されていない。

図5に、ウイルスの分類体系を示した。目の保養になるとは思えないが、ウイルスの分類の全体像はつかめよう。

## ＤＮＡウイルスとＲＮＡウイルス

「ＤＮＡウイルス」とはその名の通り、遺伝子の本体としてＤＮＡをもっているウイルスであ

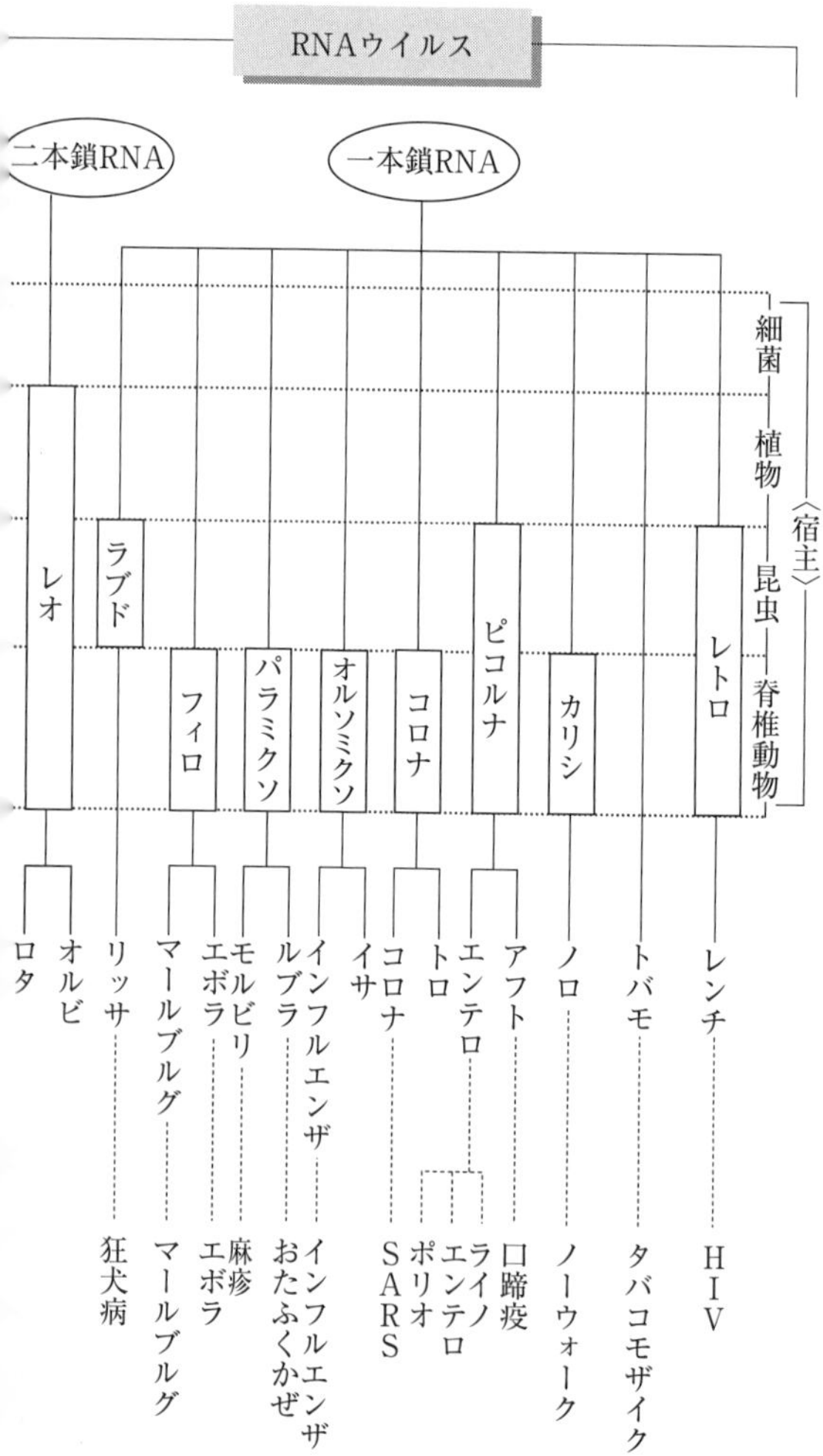
RNAウイルス
二本鎖RNA
一本鎖RNA
〈宿主〉
細菌
植物
昆虫
脊椎動物
レオ
ラブド
フィロ
パラミクソ
オルソミクソ
コロナ
ピコルナ
カリシ
レトロ
ロタ
オルビ
リッサ
マールブルグ
エボラ
モルビリ
ルブラ
インフルエンザ
イサ
コロナ
トロ
エンテロ
アフト
ノロ
トバモ
レンチ
狂犬病
マールブルグ
エボラ
麻疹
おたふくかぜ
インフルエンザ
SARS
ポリオ
エンテロ
ライノ
口蹄疫
ノーウォーク
タバコモザイク
HIV

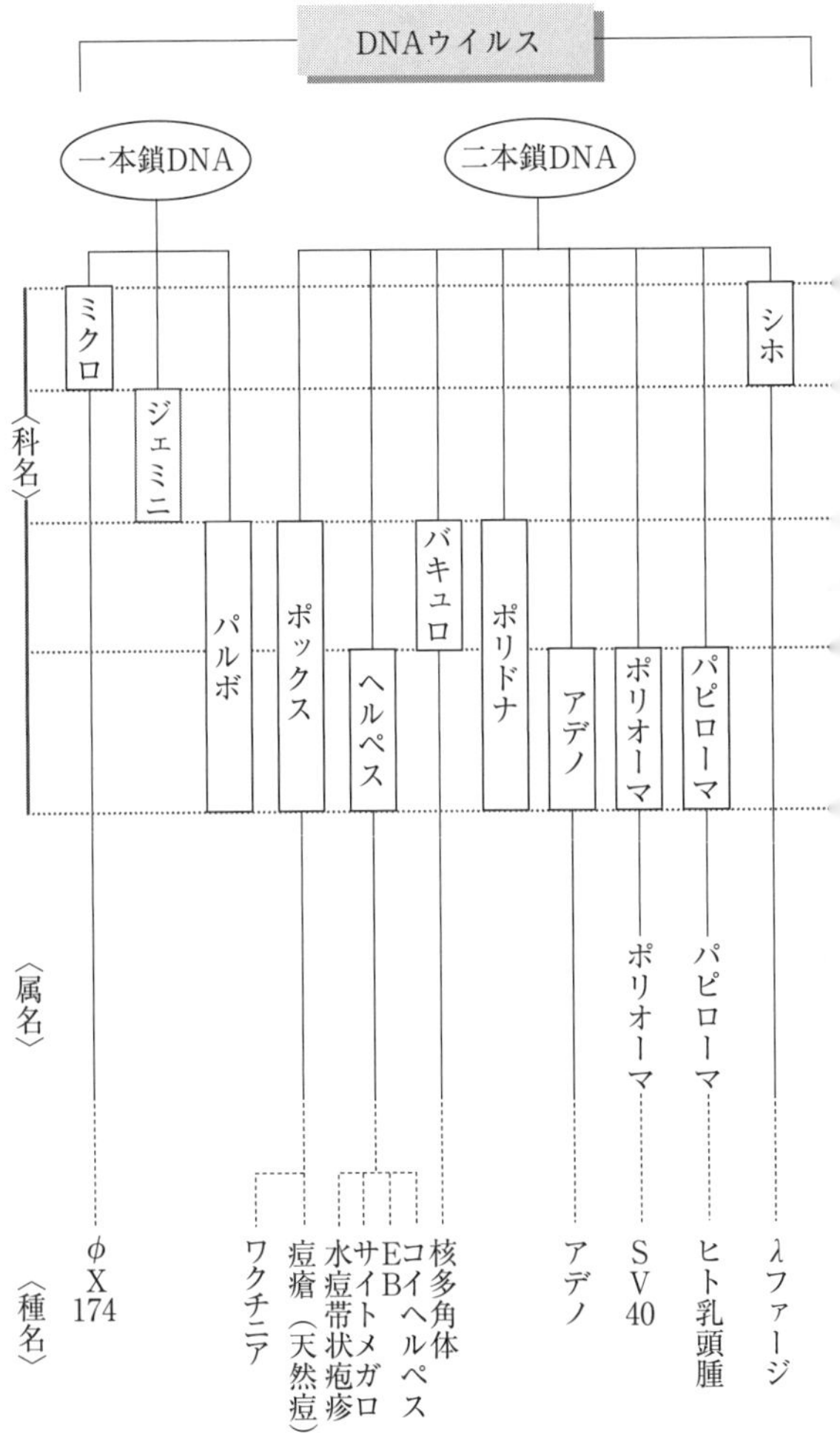


図５　ウイルスの分類体系（出典：石川統ほか編，『生物学辞典』，東京化学同人，pp.108～109を本書の内容にあわせて改変）

る。

ウイルスの進化の観点からすると、RNAウイルスのほうが昔からいて、DNAウイルスのほうが新しく進化したと考えられており、またサイズは比較的大きいものが多いようである。

DNAウイルスには、天然痘の原因ウイルスである「天然痘ウイルス（痘瘡ウイルス）」、口唇ヘルペスや帯状疱疹などの原因となる「ヘルペスウイルス」、重症下痢や呼吸器疾患の原因である「アデノウイルス」、子宮頸部がんの原因となる「パピローマウイルス」などがある。

一方「RNAウイルス」とはその名の通り、遺伝子の本体としてRNAをもっているウイルスである。DNAウイルスが誕生する以前から地球上にいたと考えられているが、その起源に関しては、DNAやRNAの起源、生命の起源とも関連し、いまだに定説がない。

RNAウイルスには、有名なインフルエンザウイルスなどの「オルソミクソウイルス」、普通感冒（いわゆる普通の風邪）の原因であるライノウイルスを含む「ピコルナウイルス」、ノロウイルスに代表される胃腸炎の原因である「カリシウイルス」などがある。

また、RNAウイルスの中には、感染した宿主細胞の中で、自分のもっているRNAからDNAをわざわざ作り、これを宿主細胞のDNAの中に無理やり押し込むという、とんでもないことをするものもいる。これを「レトロウイルス」という。

代表的なDNAウイルス、RNAウイルスをまとめたのが図5ならびに表3である。図5で

| ウイルスの分類 | 科 | 有名なウイルス | 名前の由来 | おもな性質・特徴 |
|---|---|---|---|---|
| DNAウイルス | ポックスウイルス | 天然痘ウイルス | 膿疱(pox) | ・特徴的な発疹がでる<br>・細胞質で増殖 |
| | ヘルペスウイルス | 単純ヘルペスウイルス<br>ロゼオロウイルス | 這う(herpes) | ・性器ヘルペス、口唇ヘルペスの原因<br>・潜伏感染 |
| | アデノウイルス | アデノウイルス | 腺(adeno) | ・呼吸器疾患、重症下痢の原因 |
| | パピローマウイルス | パピローマウイルス | 乳頭腫(papilloma) | ・乳頭腫、子宮頸部がんの原因 |
| RNAウイルス | オルソミクソウイルス | インフルエンザウイルス | 直接の(ortho)<br>粘液(myxo) | ・口腔粘膜、上気道など粘膜組織に感染<br>・RNAは８本に分節化 |
| | ピコルナウイルス | ポリオウイルス<br>ライノウイルス | 小さな(pico)<br>RNA(rna) | ・普通感冒の原因<br>・上気道に感染 |
| | レトロウイルス | HIV、HTLV | 逆転写(reverse transcription) | ・エイズ、成人T細胞白血病の原因<br>・RNAからDNAを合成し、宿主のDNAに組み込む |

表３　代表的なウイルスたち

は、まずＤＮＡウイルスとＲＮＡウイルスに分け、それぞれをさらに一本鎖ＤＮＡ（もしくはＲＮＡ）をもつものと二本鎖ＤＮＡ（もしくはＲＮＡ）をもつものに分けている。「科」は、宿主となる生物の種類によって段を分けてあり、その下に「属」、さらに個別のウイルスが定義されているものは、その下に「種」として記載してある。表３では、さらに代表的なウイルスを挙げ、名前の由来と、おもな性質・特徴をリストアップした。もちろんこれは、代表的なもののピックアップに過ぎない。これらのうちのいくつかについては、これから本書で詳しくご紹介していきたい。

## １－３　ウイルスの生活

### ウイルスはどこにいるのか

私たちヒトに特有の生活があるように、ウイルスにもウイルス特有の〝生活〟がある。とはいえ、ウイルスの生活が、朝何時に起床し、昼は仕事をし、夜は何時に寝るかといった規則正しい概日リズムでもって成り立っているかというと、決してそういうわけではあるまい。し

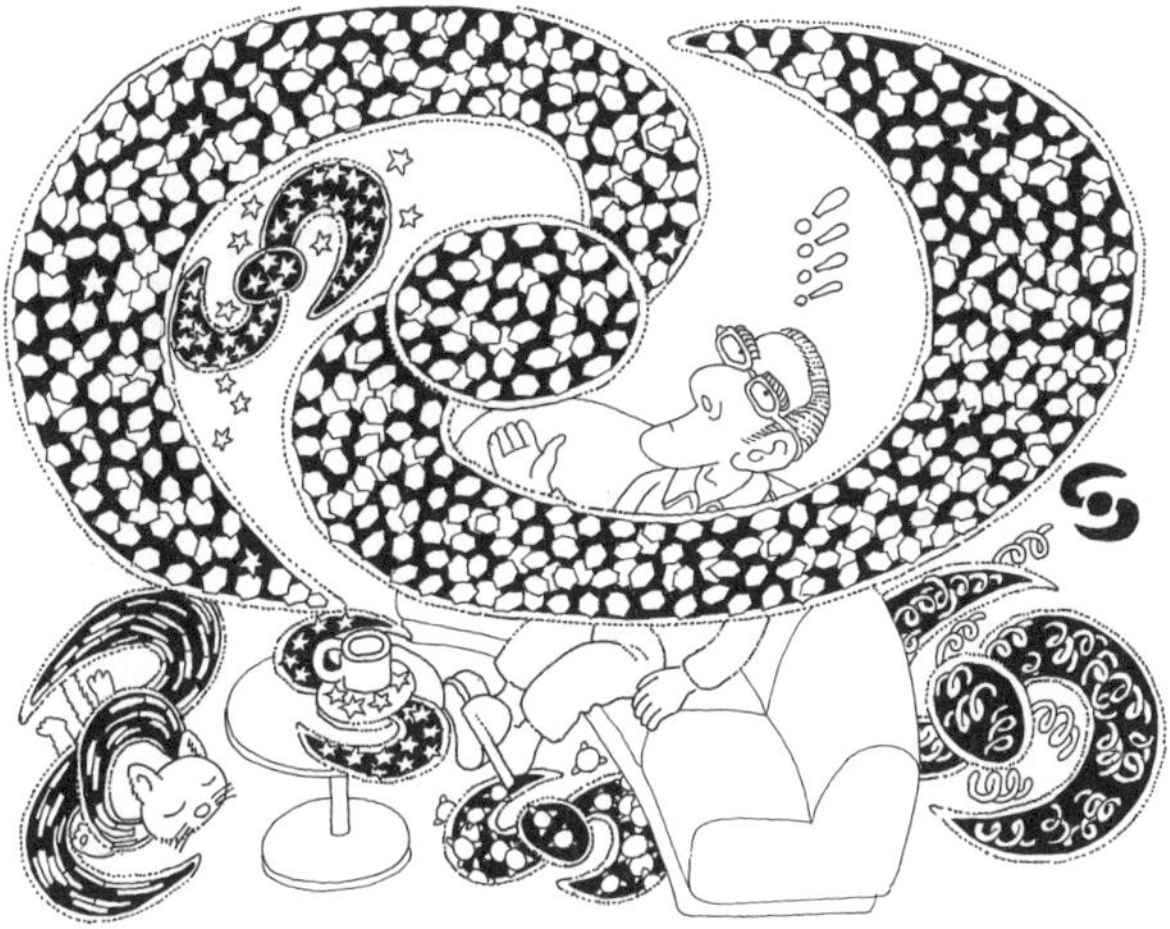

ウイルスは、私たちのまわりにたくさん浮遊している

かしながら、ウイルスが細胞に感染するその仕組みには、ある一定のリズムというか、規則というか、そういったものはきちんとある。

　そのウイルスの〝生活〟をのぞき見る前に、まずは普段、ウイルスというのはいったいどこにいるのか、どこに潜んでいるのかについて述べておく必要があるだろう。

　まず言えることは、ウイルスはどこにでもいる「はずだ」ということである。なぜ「はず」なのかというと、目に見えないからだ。顕微鏡もなしに、「あ、ほらほら、あそこにウイルスがいるじゃん」と断言できる人はいまい。ただ科学者のデータを介した経験からすると、ウイルスはおそらくどこにでもいると断じることは可能であろう。

　平たく言えば、ウイルスたちはまず、私たちを取り囲む空気中に、食品中に、飲み物中に、じつにたくさん浮遊している。私たちは、いつもウイルスにさらされて生きている。ただしその数はおそらく、通常の生活を健康に送っている場合、私たちに病気を引き起こすほどのものではないはずだ。それが、ひょんなことがきっかけとなって大量のウイルスが体内に入ってきたり、免疫力が低下しているときにウイルスが入り込んできたりすると、私たちは「病気」になる場合がある。

中には、入り込んできたウイルスが、私たちの細胞の中に長期間「潜伏」、すなわちじっと息をひそめて隠れているという場合もあるが、これについては後述しよう。

いずれにせよ、目に見えないものだから、ウイルスたちは好き勝手に、いろいろなところに生活の場を広げているように私たちにはイメージされる。そして、実際、いろいろなところに〝いる〟はずである。

あまりにも小さいため、空気中を飛ぶことと、私たちの気道の中を飛ぶことは、当のウイルスにとっては何の違いもない。ただ気道の中を飛んでいるとき、ウイルスにとってははるか向こうに、繊毛がたくさん生えた、粘液質でコーティングされた細胞の壁が、うすぼんやりと見える程度なのだ。

その中で偶然、その壁にぺたっとはりついたウイルスが、うまい具合にその中に潜り込んでいき、増殖することができるのであろう。

## ウイルスもやっぱり水の中にいる

プロローグで紹介した「巨大ウイルス」も含めて、近年、新たなウイルスが、特に海から相次いで発見されている。

「母なる海」という表現があるように、海といえば私たち生物の〝故郷〟であり、生物が最も多く生息している場所でもある。

これに対してウイルスは、空気中とか生物の体内とかにいるものであって、これまで「水の中にたくさんいる」というイメージがあまりもたれてこなかった。しかしながら、じつは現在、地球上でウイルスが最も大量に存在する場所は、私たち生物と同じく、海水や淡水などの「水の中」だと考えられている。

一九八九年、ノルウェー・ベルゲン大学のブラットバクらが科学誌『ネイチャー』に発表した論文には、湖に入るのを一瞬ためらってしまうほどの驚愕すべきデータが含まれていた。

なんと、天然の水の中に、一ミリリットルあたりおよそ「二億五〇〇〇万個！」のウイルスがいる場合がある、というのである。この数字がはじき出されたのは、ドイツにあるプルスゼー湖という湖の水の中だった（引用文献はBergh Ø et al.（1989）：巻末参照）。

一方、海水サンプルからは、一ミリリットルあたり五〇〇万〜一五〇〇〇万個のウイルスが検出された。

一ミリリットルですよ。すなわち一cc。この、私たちヒトから見たらわずかな水の中に、日本の人口以上のウイルスがいるというのだから、およそ驚かない人はいないだろう。

しかしながら、理性的に考えてみると、たとえば海の水を手の中にすくったとき、あたかも砂を両手ですくったときの砂粒のようなイメージで、ウイルスがその中でのたうっている、ほどには大量ではない。

たとえば、私たちヒトの血液一ccの中には、赤血球は四〇億個も含まれている。これに比べれば、海水中のウイルスの量など微々たるものだ。

さらに、ウイルスは赤血球に比べると、格段にそのサイズは小さいから、結局のところ、血液中の赤血球に比べると、海水中のウイルスなど、もはやほとんど存在しないに等しいではないか！

しかも、海水中に存在するウイルスは、たいていの場合、海水中に豊富に存在するバクテリアに感染するファージであったり、やはり海水中にいる原生生物や藻類に感染するウイルスであったりするわけで、私たちヒトに感染して病気を引き起こすようなものではないから、海水浴をしてもマッタク問題ない、というわけである。

存在しないに等しいとはいっても、それはあくまでも赤血球に比べての話である。湖の水を手にすくって、「ほらごらん、この中にウイルスが一〇億個もいるんだよ。でも大丈夫、さあ泳ごう！」などと言われると、あまりいい心地はしない。

とはいえ、学術的には価値がある。生命の母体とも言うべき水中にそれだけ大量のウイルスがいるというのは、「生物とウイルスとの蜜月関係」を、そのまま表していると言えるだろうから。

## “食べられて”生きていく生物

では、生物とウイルスの蜜月関係とはどういうものなのだろう。

ここに、水木しげる氏の短編漫画「猫又」（一九六六年『週刊少年キング』に掲載）という作品がある。ちょっとご紹介しておきたい。

人をばかすとはどういうことかに興味をもつ少年が、あるとき、隣家の金持ちの息子に誘われてドライブにでかけ、鉄クズを拾うため、村民の誰一人として渡ろうとしない「沖の島」にタライ船を借りて渡った。そこは「化け猫」が住む島だった。そこで金持ちの息子は、空腹のため猫を殺して食べてしまう。するとおそろしいことに、その体から、足といわず腹といわず、殺したはずの化け猫の頭が生えてくる。やがて少年は、身も心も化け猫と化した金持ちの息子を残し、命からがら島を脱出することに成功する。そして「あれは食物をたべるのではなく、たべられていきていく生物なのだ……そういう生きかたをする生物をばけると人はいったのだろう」という

図６　水木しげる「猫又」のワン・シーン（『水木サンの猫』，講談社文庫，p.72）

少年の述懐とともに、話は終わる（図6）。

ウイルスの生活環を考えたとき、ウイルスの〝生き方〟と、この作中の化け猫の生き方が、よく似ているように思われる。

その意味するところはといえば、食べる、食べられるというのは適当ではないから言い直すと、ウイルスの場合、「生物によって食べられる＝生物に感染する」というふうに捉え直すことができる、ということである。化け猫は「食べられ」て、その人間の体を使って〝増殖〟する。ウイルスは「感染」して、その宿主の体を使って、やはり〝増殖〟する。

食べられる（正確には消化され、吸収される）、感染する、このどちらの言い方であれ、ウイルスは生物の体（細胞）の中に入っていくわけだから、その意味では同じことなのだ。そうしてウイルスに入り込まれる生物のことを、私たちは「宿主」というのである。

ウイルスの「増殖の場」は、あくまでも宿主の細胞の中である。ウイルスは、宿主の細胞の中に入っていかなければ、増殖することはできない。これが、ウイルスが生物とはみなされていない最大の理由。生物は、自分自身の力で代謝活動をし、増殖できなければならないが、ウイルスは、宿主の細胞の中に入り込まないとそれができないのだ。

金持ちの息子を変化させた化け猫も、人間に食べられなければ、〝増殖することはできなかった〟のである。

この、ちょっと不思議な「蜜月関係」、その実態を次章で明らかにしていくことにしよう。

# 第二章

# ウイルスの生活環

## 2-1　ウイルスの増殖

### 六つのステップ

どうやってウイルスは、私たち生物の細胞に入り込んで増殖するという、一見すると〝優雅な生活〟に見える蜜月関係を維持し営んでいるのだろうか。

一般的に、ウイルスは次に示したステップを経て、宿主の細胞の中で増殖することが知られている。本書ではそのステップを、「吸着」→「侵入」→「脱殻（だっかく）」→「合成」→「成熟」→「放出」の六つのステップに分けて紹介しよう。

### ① 吸着

現在までに、テレポーテーションによって何かの中に入り込む生命体は見つかっていないし、ドラえもんの「どこでもドア」も発明されていない。「A」が「B」に入り込むためには、まず「A」が「B」にくっつかなければならない。

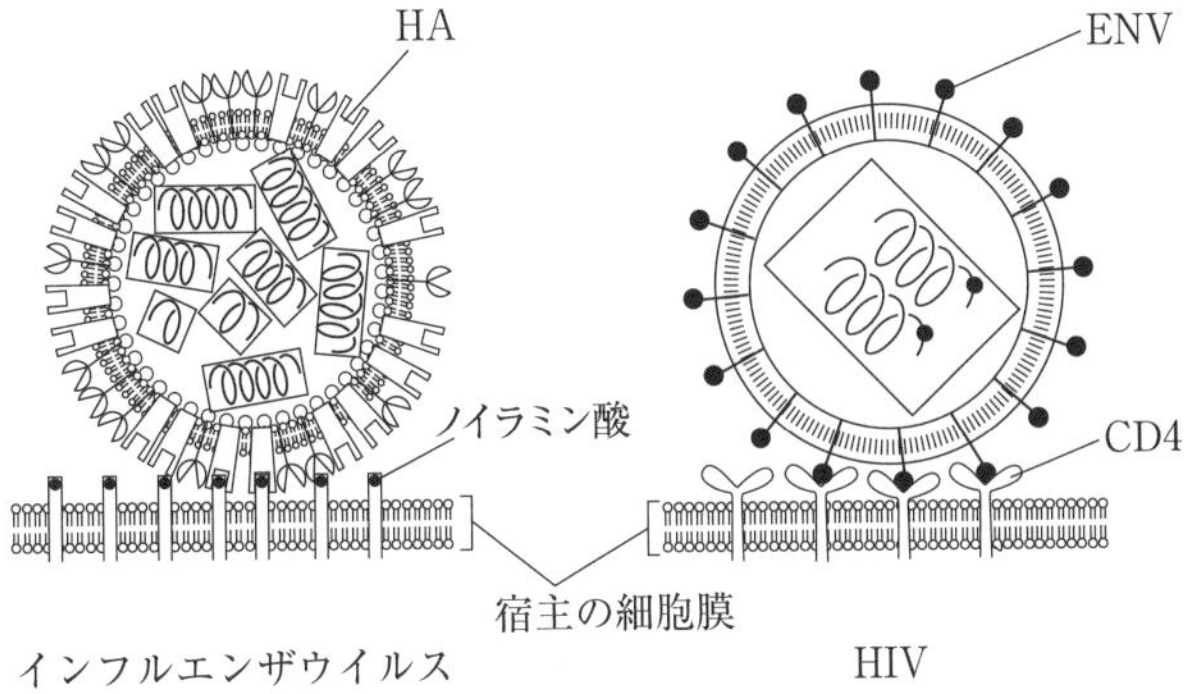


図7　ウイルスの「吸着」

感染する宿主の細胞の表面に、ウイルスがぴたっとくっつくステップ、それが「吸着」である（図7）。

エンベロープウイルスは、吸着専用のタンパク質をエンベロープ表面に持っている（図4も参照）。このタンパク質を使って、宿主の細胞の細胞膜表面にあるタンパク質などにくっつくのである。

もちろん、細胞が「ウイルスが吸着するための」タンパク質を持っているというわけではない。細胞は、さまざまなタンパク質（往々にして糖が結合している）を細胞表面に出しており、これを使って外部からのさまざまな情報をキャッチし、分裂したり、分裂をやめたり、分泌用タンパク質を作って分泌したりといったさまざまな反応を起こす。ウイルスは、その細胞膜表面タンパク質の一つを、ちゃっかり利用して吸着するのだ。

たとえばインフルエンザウイルスは、「ヘマグルチニン（ＨＡ）」と呼ばれるタンパク質（３－３節で詳しく述べる）を使って、気道の上皮細胞表面にあるタンパク質などの先端についている「ノイラミン酸」という糖にくっつく（図7左）。

またエイズの原因となるヒト免疫不全ウイルス（ＨＩＶ）は、「ＥＮＶ」と呼ばれる吸着専用タンパク質を使って、リンパ球の一種であるＴ細胞の表面にある、本来はＴ細胞が免疫応答に使う「ＣＤ４」というタンパク質に吸着する（図7右、３－４節でも述べる）。

つまりは、他の目的で使うために細胞膜表面に用意してあるタンパク質が、ウイルスによって利用されてしまうのである。

ノンエンベロープウイルスの場合、タンパク質でできたカプシドの表面に、宿主の細胞膜表面のタンパク質と結合できる部分があり、それを介して吸着する。たとえばピコルナウイルスの一種ポリオウイルスの場合、カプシドを構成するタンパク質のうち「ＶＰ１」（図21左も参照）と呼ばれるタンパク質の近くに〝くぼみ〟のようなものがあり、そこが宿主の細胞の細胞膜表面にある「ＣＤ１５５」と呼ばれるタンパク質と結合すると考えられている。

また、宇宙船のような格好をした「バクテリオファージ」は、その名の通りバクテリアに感染するウイルスだが、本当に宇宙船が月面に軟着陸するかのような、吸着用の「足」（正確には「尾繊維」という）を持っているというのだから、オドロキである。まるでザトウムシの肢のようにも見える、タンパク質でできた「足」を使って、バクテリオファージはバクテリアの表面

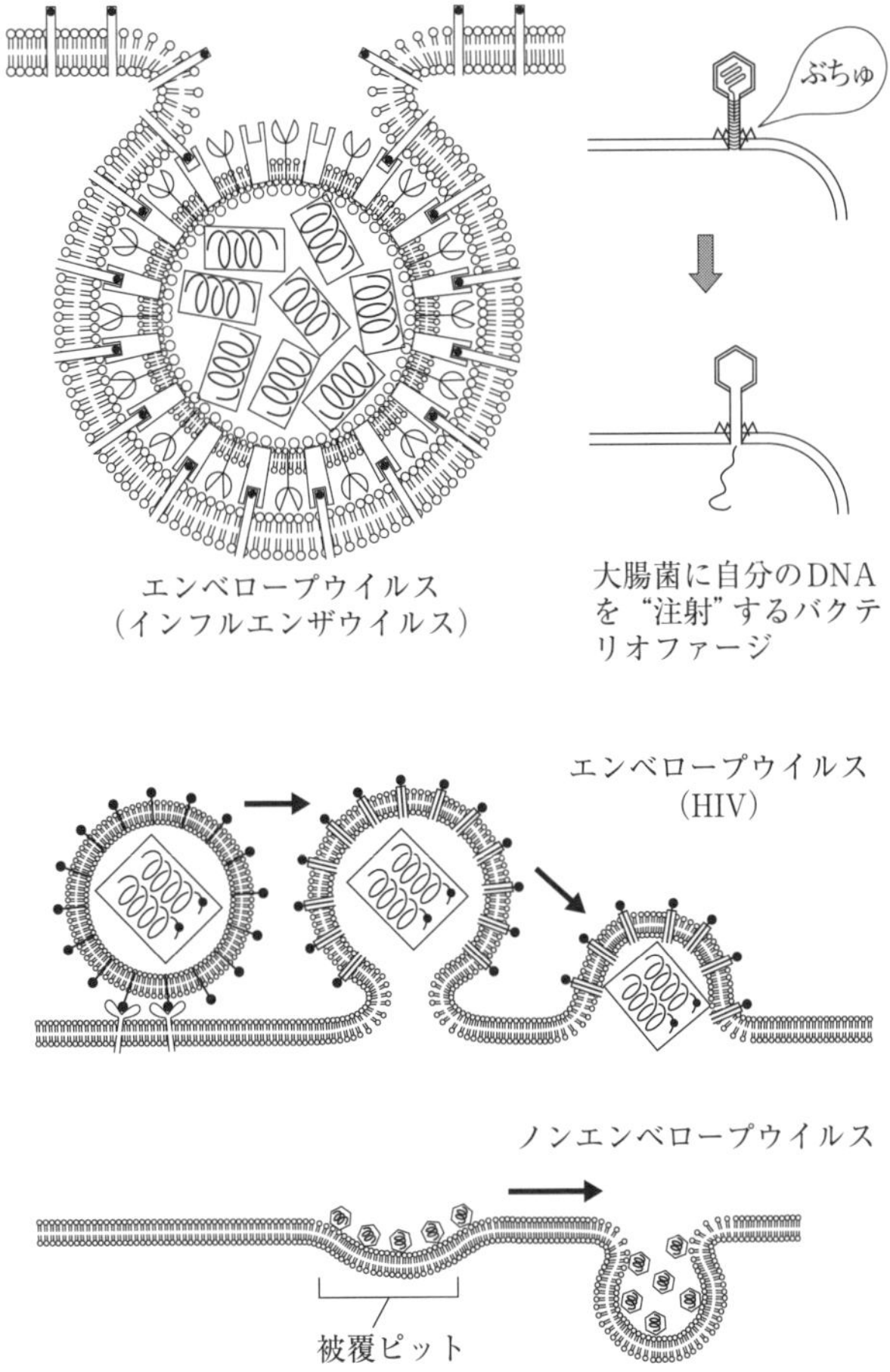
ぶちゅ
エンベロープウイルス
（インフルエンザウイルス）
大腸菌に自分のDNAを“注射”するバクテリオファージ
エンベロープウイルス
（HIV）
ノンエンベロープウイルス
被覆ピット

図8　ウイルスの「侵入」

（細胞壁）に吸着するのである（図8、図53も参照）。

② 侵入

感染する宿主の細胞に吸着した後、その内部へとウイルス、もしくはウイルスのDNAやRNAが入り込むステップ、それが「侵入」である（図8）。

エンベロープウイルスの場合、エンベロープそのものが宿主の細胞膜と同じ脂質二重膜でできているから、その侵入時には、エンベロープと細胞膜が融合し、中身（タンパク質ならびに核酸）だけが細胞内部に侵入する。HIVが、この方式で侵入するものの代表であろう（図8中）。

また別のエンベロープウイルスでは、エンベロープが細胞膜と融合せず、エンベロープごと細胞膜によって覆われるようにして侵入する。そうして細胞膜に覆われてあぶくのような状態になったものを「エンドソーム」と言う。インフルエンザウイルスが、この方式で侵入するものの代表だ（図8上左、3‐3節でも紹介する）。

ノンエンベロープウイルスでは、細胞膜表面にぺたぺたと吸着したウイルスは、「被覆ピット」と呼ばれる細胞膜の〝くぼみ〟の中にたまっていき、やがてそのくぼみが細胞質側にくびれることで、ウイルスは細胞内へと侵入する。言ってみれば、細胞によって〝食べられる〟のだ（図8下）。

細胞のこうした〝食べる〟行動を、「細胞内取り込み（エンドサイトーシス）」という。この行動は、なにもウイルスだけを対象に行われる現象というわけではなく、また「食べる」と言うと免疫反応における「食細胞」がイメージされると思うが、通常の細胞もエンドサイトーシスにより、細胞膜表面の物質を取り込もうとするのである。

バクテリオファージでは、足（尾繊維）を使って細胞表面に吸着した後、体を下げ、お尻の部分にある「ピン」を〝ぐさり〟と細胞膜に刺し込み、頭部に格納されていたDNAだけを、ちゅるちゅると細胞内部に注入する。すなわち、DNAだけが、宿主の細胞の中に入っていくのである（図8上右）。バクテリオファージの残りの部分はバクテリアの外部に残り、やがては分解されてしまうのだろう。大切なのはDNAだけなのだ。

私たちの感覚からすると、喰いついた相手の体内に内臓だけを送り込むようなイメージでグロテスクだが、バクテリオファージにとってはこれが、文字通り「侵入」なのである。

③　脱殻

さてウイルスにとって、侵入しただけでは事は進まない。

たとえば、エンベロープウイルスのうち、エンベロープと細胞膜が融合することで侵入するHIVなどの場合、侵入するのは核酸がタンパク質の殻（カプシド）に包まれた「ヌクレオカプシ

図９　ウイルスの「脱殻」

ド」と呼ばれる状態だから、このタンパク質の殻を壊さなければ、中の核酸を宿主の細胞の内部（すなわち細胞質内）に放出することができない。細胞の仕組みを利用してしか増殖できないウイルスの場合、その仕組みがある細胞質へと核酸を放出しなくては、増殖することもできない。

この、タンパク質の殻を壊し、ウイルス自体の核酸を細胞質内に解き放すステップのことを、「脱殻」という（図９）。したがって、侵入段階ですでにＤＮＡを注入してしまっているバクテリオファージには、改めてこのステップを行う必要はない。

上記のエンベロープウイルスの場合、侵入したヌクレオカプシドは、細胞質に存在するリソソームなどの「タンパク質分解酵素」によってカプシドが分解され、中の核酸（ＨＩＶの場合はＲＮＡ）が細胞質内に解き放たれると考えられている（図９中）。

一方、エンベロープウイルスのうち、エンベロープごとエンドソーム内へ侵入したウイルスの場合は、このエンドソームとウイルスのエンベロープが融合し、やはり中身だけが細胞質内へと解き放されていく（図9左）。

インフルエンザウイルスの脱殻は、エンドソーム内の酸性条件によってエンベロープがゆるみ、さらに吸着のときにも役だった「HA」のはたらきによってエンベロープとエンドソームの膜が融合することで、ウイルスの核酸（RNA）が細胞質へと解き放される、というステップで起こる。

また被覆ピットから侵入したノンエンベロープウイルスもまた、エンドソームが壊れ、細胞質に存在するタンパク質分解酵素によってカプシドが分解され、核酸が解き放たれる（図9右）。

こうして核酸が解き放たれてはじめて、ウイルスは宿主の細胞の中で次なるステップ、「合成」にとりかかることができるのである。

## ④　合成

侵入し、脱殻した後、ウイルスは細胞の中で、何をするのだろうか。

何をするもなにも、バクテリオファージに至ってはDNAだけが細胞の中に侵入するわけだから、そこですることはたった一つ！

そのDNAにある遺伝子の情報をもとに、ウイルスのタンパク質を作るとともに、DNAをもまた複製し、たくさんの〝子〟ウイルスを作り出すことだ。

すなわち、「合成」である。

RNAウイルスの場合も基本的には同じだが、RNAウイルスのうちレトロウイルスでは、いったんRNAからDNAを作らなければならないから、少々ややこしいステップが必要だ。

いずれにしても、〝子〟ウイルスは、核酸（DNAもしくはRNA）を複製し、タンパク質を合成してはじめて作ることができる。いったいどのように、彼らは核酸やタンパク質を「合成」するのか。

その理解には、DNAやRNAに関する基礎的知識も必要なので、詳細は2－2節で詳しく紹介することにして、ここでは先に話を進めよう。

⑤　成熟

プラモデルを組み立てるには根気がいるが、ウイルスが自らの〝子〟を作るにあたって、そうした〝根気〟が必要かどうかは分からない。

「合成」過程で作られた核酸とタンパク質は、分子レベルで構築された筋書きに沿って、おそらくは淡々と〝子〟ウイルスへと組み立てられていくはずだ。

この過程が「成熟」である（図10）。

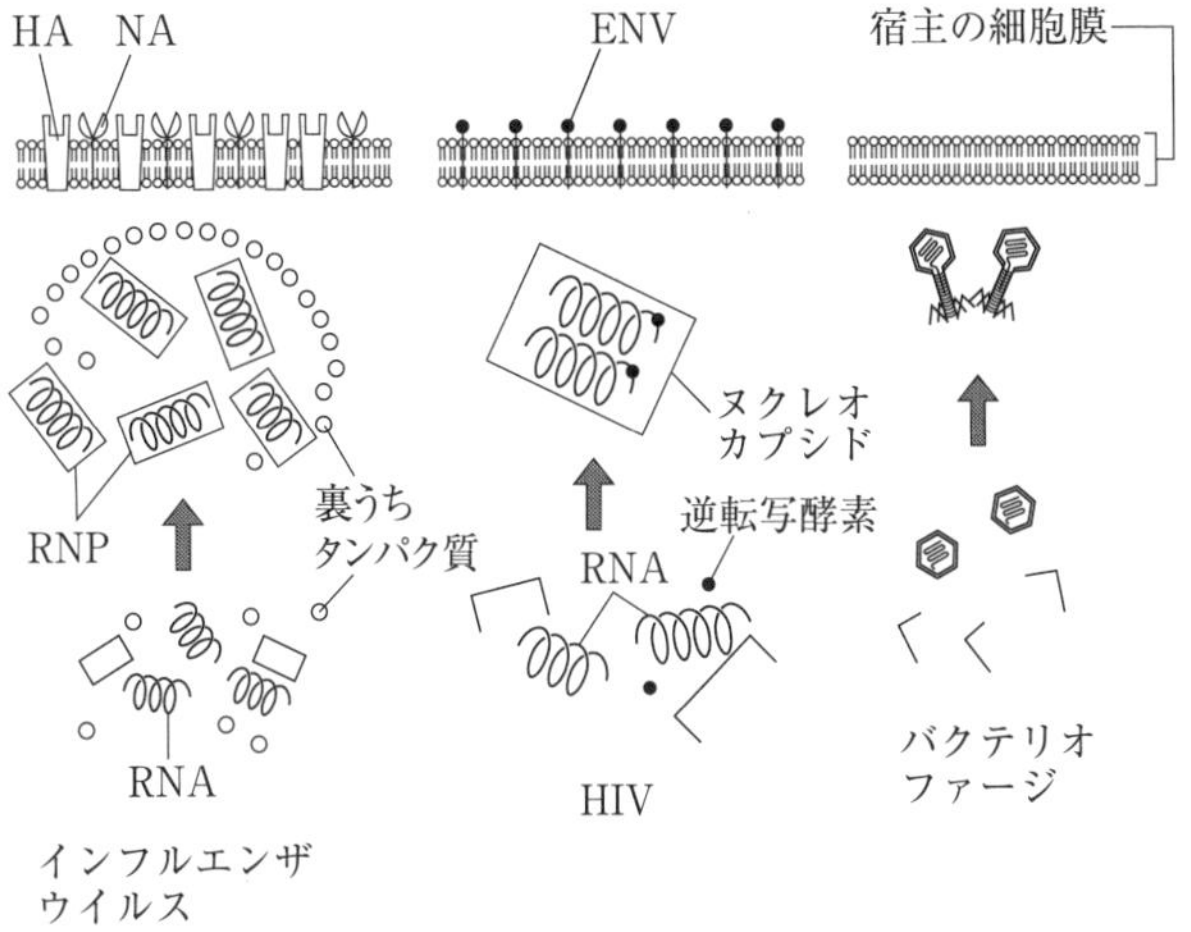


図10　ウイルスの「成熟」

成熟の場所は、ウイルスによって様々だ。エンベロープウイルスの場合、たとえばHIVでは、合成されたタンパク質と核酸（RNA）は、宿主の細胞膜の内側あたりで組み立てられ、ヌクレオカプシドが作られる。さらに、エンベロープタンパク質である「ENV」は、合成されると宿主の細胞膜の中に埋め込まれ、細胞の外に向けて突き出すように配置される（図10中）。

エンベロープウイルスのうちインフルエンザウイルスでは、合成された核酸（RNA）はまず、核の中でタンパク質と複合体を形成し、「RNP」と呼ばれる構造になる。このRNPは核膜孔を通って細胞質へ、そして細胞膜の直下へと移動する。HAなどのエンベロープタンパク質は、宿主の細胞がもっているタンパク質の分泌経路を利用して、HIVのENVと同様に、細胞膜の表面に突き出すように配置される(図10左)。

エンベロープウイルスのうち、ポックスウイルスなどでは、合成されたDNAとタンパク質が細胞質の特定の領域に集まり、ウイルスが成熟して、「封入体」と呼ばれるウイルス粒子の集まりを形成する。

ノンエンベロープウイルスのうちピコルナウイルスでは、合成されたRNAとタンパク質は、細胞質に存在する膜構造(小胞体など)に接した部分で組み立てられる。

バクテリオファージも同様に、バクテリアの細胞膜の内側で、頭部、尾部、そして〝足〟である尾繊維が順序よく組み立てられる(図10右)。

いずれの「組立て」の場合も、合成された核酸と合成されたタンパク質は、細胞質内のたくさんの物質の細やかな動きに押し合いへしあいされながら、徐々に集合してウイルス粒子に組み立てられるのであろう。ウイルスによっては、細胞質内に張り巡らされている「細胞骨格」と呼ばれる網目状の構造を〝手すり〟の代わりに使い、細胞質内を移動するらしいから、そうした細胞の構造を、これまたちゃっかり利用して、うまい具合に〝子〟ウイルスを組み立て、成熟させているのだろう。

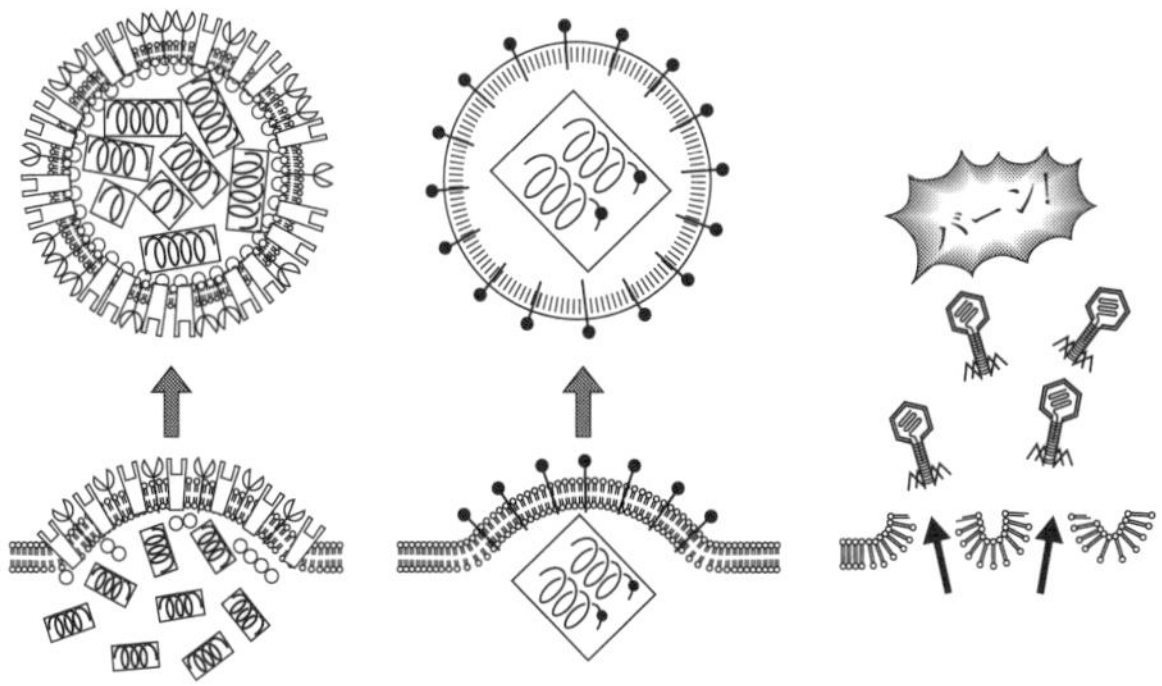


図11　ウイルスの「放出」

⑥　放出

たまりにたまった尿を放出するときの安堵感ほど、心地良いものはないが、同じ放出であるにもかかわらず、胃からの「放出」（平たく言えばまあ「嘔吐」だ）ほど、苦しいものはない。

細胞にとって、ウイルスに感染されるというのは、どのような「感覚」なのかはわからないが、私たちと同様に、宿主の細胞内で成熟したウイルスが細胞の外に飛び出す瞬間のありよう、すなわち「放出」にもまた、大まかに二つのパターンがあるようだ（図11）。

一つは、細胞を殺して出ていくもの。

そしていま一つは、細胞を殺さずに出ていくもの。

細胞を殺して出ていく場合、それを「細胞崩壊」という。細胞の内部に成熟したウイルスが溜まってくると、食べ過ぎてお腹が破裂するかのごとく、細胞膜が破れ、ウイルスが一気にまき散らされる。ノンエンベロープウイルスの場合、一般的にはこの方法で放出がなされる。ピコルナウイルスでは、細胞一個あたり二万五千〜十万個もの〝子〟ウイルスが、細胞崩壊によって放出される。ある種のノンエンベロープウイルスは、細胞を殺さずに、〝静かに〟細胞から飛び出していく。

バクテリオファージの場合も、バクテリアの細胞膜、細胞壁を壊して飛び出していくが、バクテリアの場合、この過程を「溶菌」と呼ぶ（図11右）。

一方、多くのエンベロープウイルスは、細胞崩壊ではなく、「出芽」という方法をとる。この方法では、細胞崩壊ほど劇的に細胞を殺すわけではない。しかしウイルスが感染し、内部で増殖すること自体が細胞にとっては異常事態であるから、当然のことながら、細胞の〝健康状態〟は損なわれる結果となる。

エンベロープウイルスのエンベロープは、細胞膜と同じ脂質二重膜でできているので、ウイルスは成熟したカプシドを細胞膜で包み込むように、すなわちウイルスがこれらの膜を「ひきずるようにして」細胞の外へと出ていく、これが出芽のメカニズムである。インフルエンザウイルスやＨＩＶも、出芽によって宿主の細胞から放出される。

インフルエンザウイルスの場合、細胞膜直下に存在する「ＲＮＰ」が、エンベロープタンパク質が埋め込まれた細胞膜部分を押し出すようにして、出芽する（図11左）。ＨＩＶの場合も同様に、細胞膜直下に存在するヌクレオカプシドが、ＥＮＶが埋め込まれた細胞膜部分を押し出すようにして出芽する（図11中）。ともに、押し出された細胞膜部分が、そのまま自身のエンベロープとなる。

エンベロープウイルスの中でも、ポックスウイルスなどの一部のウイルスは、細胞崩壊によって放出される。

むろん、「放出」とは言っても、まるで私たちがスイカの種を飛ばすように、細胞が積極的にウイルスを飛ばすのでも、ウイルスのほうがロケットエンジンなどのような動力を利用して積極的に飛び出すのでもない。

ミクロな分子の世界は、物質同士の衝突の繰り返しにより、常に細かく動いている。そうした常に細かく動いている宿主の細胞膜と、こちらも常に細かく動いている細胞膜直下にある成熟したウイルス粒子が、偶然に「出芽」、もしくは「細胞崩壊」という現象をもたらすのである。これを私たち人間が、私たちの時間的感覚で見たとき、「放出」と言われても違和感がないような状況に見えるのだ。

こうした一連のステップを経て、ウイルスは宿主の細胞に感染、増殖し、外の世界へと飛び出していくのであった。

## ウイルスは潜伏する

ところで、「潜伏期間」という言い方を耳にすることがあると思う。

ウイルスが体のどこかに「潜んでいる」というイメージで、実際にもそうなのだが、ウイルスの場合、敵方に忍び込んだ忍者のごとく、本当にじっと息を殺してそこにいる、というわけではない場合が多い。

もっとも忍者にしたって、ただ黙ってじっと、敵方の城の中に隠れていたわけではあるまい。小説的、時代劇的事例だが、敵方の城の天守閣を爆破するという使命を帯びた忍者であれば、城に忍び込み、火薬を用意し、導火線を張り巡らし、合図とともに導火線に火をつけるという作業を、敵方の忍者に発見されることなく、黙々と行わなければならないはずだ。

ウイルスの潜伏期間とは、正確に言えばウイルスが宿主の細胞に侵入してから、それによる何らかの症状が宿主の体に生じるまでの期間のことを指す。

つまり、ウイルスが細胞に侵入した瞬間に症状が出る、ということはまずないのである。ウイルスにも時間が必要だ。

上述したように、ウイルスの増殖には一定の過程がある。過程があるということは、時間もかかるということだ。ただし、ウイルスによってその時間には長短がある。

基本的に、感染された宿主細胞が「あれ？　何か変だな……」と感じはじめるのは、おそらくウイルスの侵入後、細胞内で「合成」が始まってからであろう。もちろん、感度の高い細胞なら、吸着の時点で「いやん」となるかもしれないが、そんなことは、当の細胞になってみなけりゃあ、分からない。

ウイルスの侵入後、細胞内で「脱殻」「合成」「成熟」「放出」へと進行していっても、細胞レベルではウイルスとの「せめぎ合い」が始まっているが、私たちの体全体がそのウイルスの様子に気づいて何らかのアクションを起こさなければ、いわゆる「症状」はあらわれない。症状があらわれたときはすでに、私たち宿主とウイルスとの間の力関係が、どちらかといえばウイルスのほうに傾いて、宿主が一生懸命にならなければウイルスを排除できないところにまでウイルスが増殖してしまっていると考えたほうがよい。

その一方で、潜伏期間が異常に長いウイルスというのもいるのである。

たとえばヘルペスウイルスの仲間などは、細胞――特に神経細胞――に感染したまま、一生ずっと神経細胞の中に、本当に〝潜伏〟している場合があることが知られている。こうした感染の仕方を特に「潜伏感染」という。

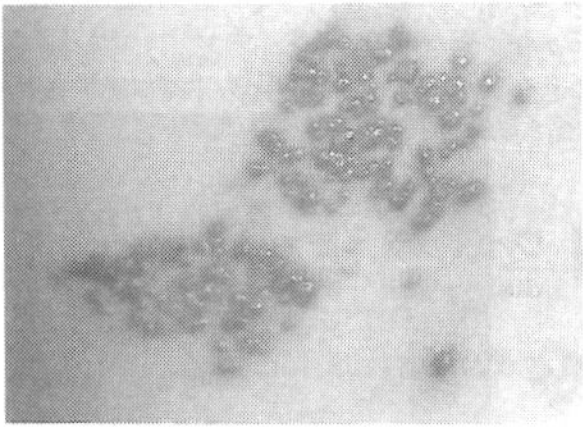

図12　左背部から胸部にかけて見られる帯状疱疹（出典：西川武二監修，『標準皮膚科学・第8版』，医学書院，p.541）

通常、宿主であるヒトのほうはというと、何の症状もなく一生を終えることが多いが、ときどき、こうした潜伏感染ウイルスが活性化することもある。

よく知られた例を挙げると、神経細胞に潜伏感染していたヘルペスウイルスの一種である水痘ウイルスが、体の免疫力の変化などのきっかけで活性化すると、その神経に沿って増殖し、神経が通っている皮膚の領域に疱疹ができる。これが「帯状疱疹」である（図12）。

一口にウイルスといっても、いろいろな〝生き様〟があることが分かる。そして本書を読み進めていくうちに、もっと多様な〝生き様〟に触れることができるだろう。

## 2-2 ウイルスと「セントラルドグマ」

### DNAとRNA

核酸である「DNA」と「RNA」、とりわけDNAが遺伝子の本体物質であることはこれまで何度となく述べてきた通り。ではウイルスは、自身が遺伝子の本体としてもっているこのDNAやRNAを、どうやって増やしていくのだろうか。それを理解するために、DNAやRNAの

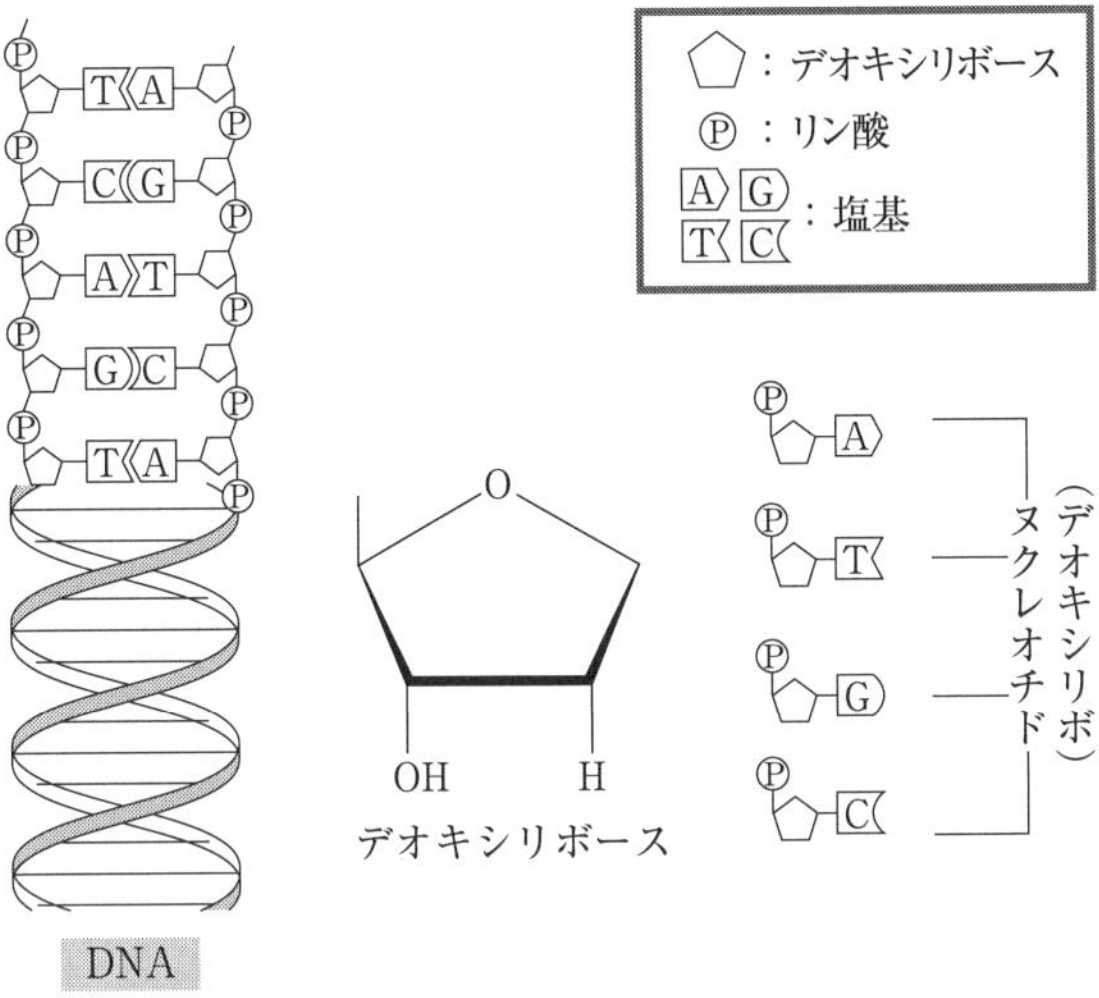


図13　DNAとヌクレオチド

仕組みについておさらいしておく必要があるだろう。

①　DNA

DNAは、「デオキシリボヌクレオチド（以降、ヌクレオチド）」という物質が、真珠が長くつながってネックレスを作るように、長くつながってできた鎖状の物質である（図13）。それぞれのヌクレオチドには「塩基（核酸塩基ともいう）」と呼ばれる部分があり、あたかもヌクレオチドから飛び出たように描かれることが多い。

塩基には四種類のもの、すなわち「アデニン（A）」、「グアニン（G）」、「シトシン（C）」、「チミン（T）」がある。DNAはいわば、四種類の塩基が長く連なった物質であるともいえよう。「DNA鎖」ともいう。

この四種類の塩基が、必ずAとT、GとCが対となるようにお互いに向かい合って結合するために、長い一本のDNA鎖が二本、すなわちポジとネガの関係にあるような塩基の並びをもつDNA鎖が二本、抱き合うようにして二重になる（図13左）。このとき、力学的なはたらきによって、自然にらせん状になるのだ。

この、四種類の塩基の配列を「塩基配列」といい、遺伝子の本体としてのDNAのはたらきの中心となる。

② RNA

RNAも、DNAと同じく、四種類の塩基の配列で特徴づけられる物質だが、DNAが用いている四種類の塩基のうちのTの代わりに、RNAでは「ウラシル（U）」が使われる。また、通常二本鎖であるDNAとは異なり、RNAは通常、一本鎖のままではたらく。ただ場合によっては、その一本鎖の中で複雑に折りたたまれ、部分的に二本鎖になってはたらく。

DNAとの最大の違いは、この使用塩基の違いと、構造上の違いもさることながら、構成単位であるヌクレオチドの一部を構成する「糖」が、DNAは「デオキシリボース」であるのに対し、RNAは「リボース」であることだ（図14）。

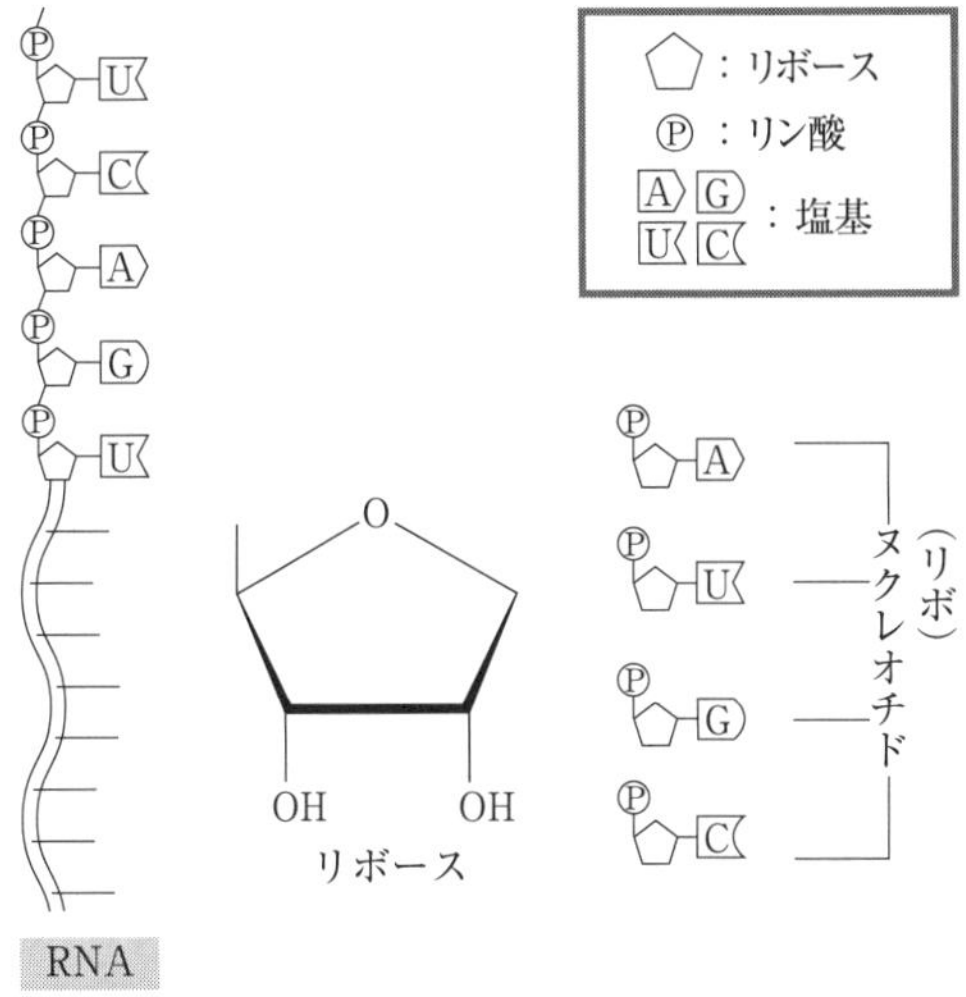


図14　RNAとヌクレオチド

ＤＮＡが遺伝子の本体としてのはたらきの中心となるとすれば、ＲＮＡは「その遺伝子をはたらかせ、タンパク質を作る」はたらきの中心となる。

ＤＮＡを遺伝子の本体としてもつ全ての生物やＤＮＡウイルスでは、ＲＮＡはまさにそうしたはたらきの中心となるが、ＲＮＡウイルスでは、ＤＮＡの代わりに「遺伝子の本体としてのはたらき」も担っていると言える。

ＲＮＡは、不思議な核酸なのである。

## セントラルドグマ

ＤＮＡやＲＮＡが四種類の塩基（を含むヌクレオチド）が長くつながってできているように、タンパク質もまた、二〇種類の「アミノ酸」が長くつながってできている。ＤＮＡ

やＲＮＡの場合に「塩基配列」と呼ぶのと同じく、タンパク質の場合は「アミノ酸配列」という。

ＤＮＡが「遺伝子の本体としてはたらく」とは、簡単に言うと、ＤＮＡの塩基配列が、タンパク質のアミノ酸配列を決めているということである。

ここでは、細胞の中でタンパク質が作られる過程について簡単に説明しよう。その過程が、ウイルスの増殖にも利用されているからだ。

① 転写

細胞の中でタンパク質が作られる最初のステップは、細胞核の中で、遺伝子の本体としてはたらくＤＮＡの塩基配列がそのまま「コピー」されるようにして、ＲＮＡが作られることである。メカニズムとしては同一ではないが、イメージとしては、版画を制作する際の過程を思い描いていただければよい。版画のもとになる版木にインクを塗り、これを紙に写し取るのだ。版木がＤＮＡであり、紙がＲＮＡである。

この過程を「転写」といい、「ＲＮＡポリメラーゼ」という酵素が触媒する化学反応である（図15）。

たとえば、「ＡＴＧＴＧＧＧＧＴＣＡ」という塩基配列のＤＮＡがコピーされて作られたＲ

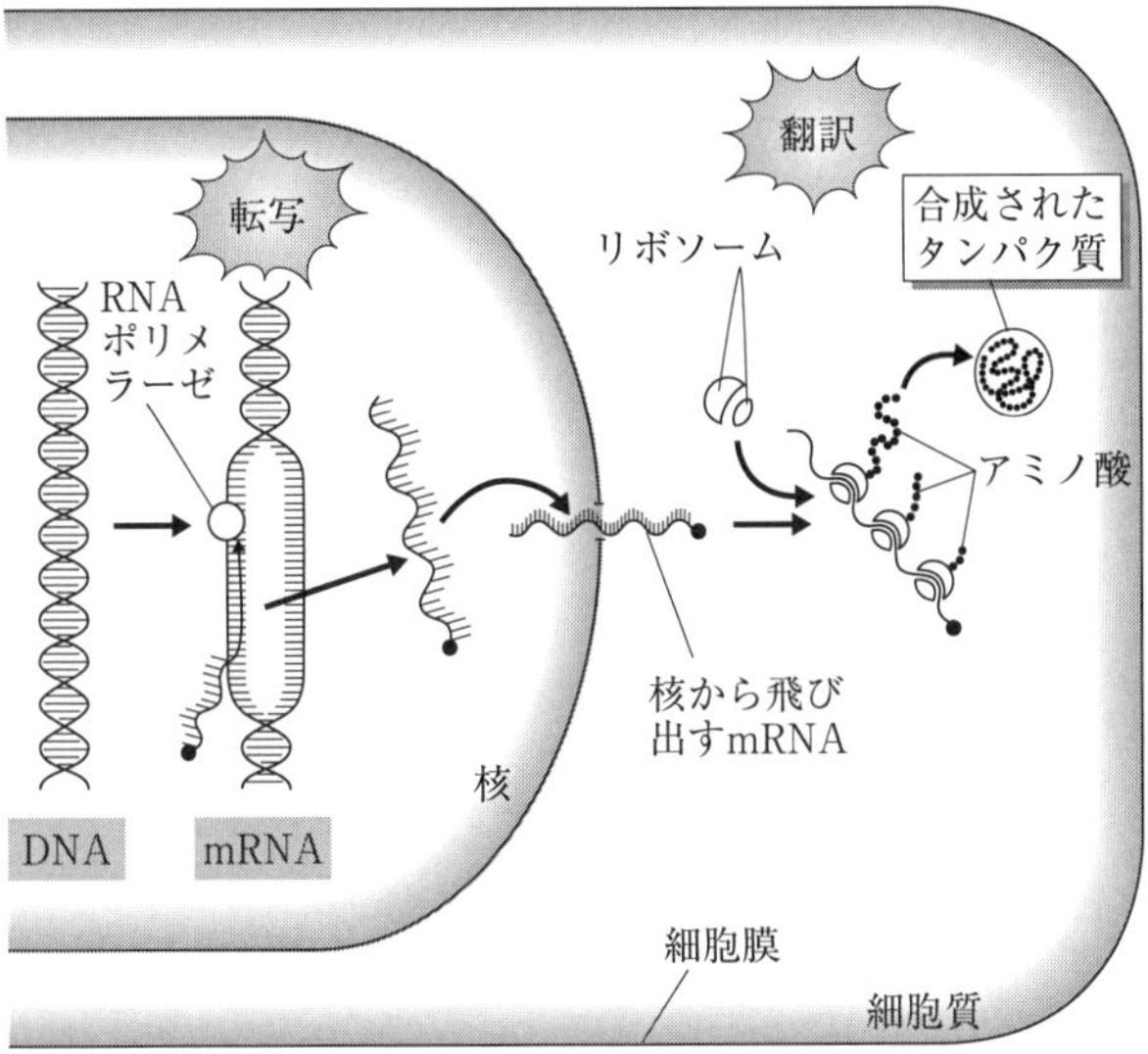


図15　タンパク質合成における「転写」と「翻訳」

NAの塩基配列は、「AUGUGGGGUCA」となる。RNAだから、Tの代わりにUとなっている。

こうして作られたRNAを、「mRNA（メッセンジャーRNA）」という。

② 翻訳

タンパク質は、細胞質にたくさん浮遊している「リボソーム」と呼ばれる粒子によって合成される。この粒子は、それ自身もまたRNA（rRNA〈リボソームRNA〉）とタンパク質からできている。

転写によって作られたmRNAが細胞核から飛び出し、細胞質にあるリボソームへと〝泳いで〟いくと、そこでmRN

Aの塩基配列が読み解かれ、その順番に沿って、「tRNA（トランスファーRNA）」が連れてきたアミノ酸が一個ずつつながれていき、タンパク質ができる。

この過程を「翻訳」という（図15）。文字通り、塩基配列という〝言語〟から、アミノ酸配列という別の〝言語〟へと翻訳が行われるのである。

この転写・翻訳の過程は、バクテリアからヒトまで全ての生物に共通しているために、「セントラルドグマ（中心定理）」と呼ばれる。

セントラルドグマの過程には、それだけで本一冊がまるごと書けてしまうほどの膨大な知見があるので、詳細を知りたい方は成書（拙著『生命のセントラルドグマ』講談社ブルーバックス、二〇〇七年など）をご覧いただきたいと思うが、昨今はさまざまなアニメーションなどで表現された動画が、動画投稿サイト「ユーチューブ」などにアップされている。たとえば、筆者も関与した動画なので手前味噌で恐縮だが、以下のものはちょっとメカニックで「やり過ぎ」感はあるけれども、およそ一〇分間、独特の世界観に浸った気分になることは請け合いである（http://www.youtube.com/watch?v=EgweXtBCynE）。

## ウイルスとセントラルドグマ

セントラルドグマとは「生物」がもつ基本原理であって、ウイルスには基本的には備わっていないものだが、先ほども述べたように、宿主の細胞に感染すると、ウイルスはその基本原理をちゃっかり利用して増殖する。そのため、「セントラルドグマの原理を利用できる」という観点からすると、ウイルスにもそれが「備わっている」とみなしてもよいだろう。

セントラルドグマの基本を押さえたところで、先ほどのウイルスの増殖過程における「④合成」を、詳しく見ていくことにしよう。

①　DNAウイルスの「合成」

二本鎖DNAウイルスの場合、細胞内に放出されたウイルスのDNAは、そのまま感染した宿主の細胞の細胞核にまで到達する（ただしポックスウイルスは核へはいかない）。DNAの核への移行メカニズムはウイルスによって様々であると考えられるが、概して、宿主の細胞が持っている、生体物質を核内へと移行させる仕組み（核移行メカニズム）を使い、核への関門である核膜孔を通過し、核へと入っていくと考えられている。

DNAウイルスには、転写用のRNAポリメラーゼ（の遺伝子）を自分自身で持っているものと、持っていないものがいる。後者の場合、細胞のRNAポリメラーゼを拝借して「転写」を行うのだ。細胞のRNAポリメラーゼには、細胞とウイルスのDNAを区別する能力はないので、

「なんだここにもDNAがあるじゃん」と思って、転写をしてしまうのであろう。

合成されたmRNAは、宿主の細胞と同じメカニズムを利用して核から細胞質へと出ていき、宿主の細胞のリボソームやアミノ酸を拝借して「翻訳」を受け、カプシドタンパク質、エンベロープタンパク質など、自身に必要なタンパク質を作るのである。

一方、核に移行したウイルスのDNAは、ウイルス自身が遺伝子を持ち、細胞に翻訳させて作らせたDNAポリメラーゼによって複製される。ポックスウイルスだけは、細胞質でDNA複製が起こる（7－1節で詳しく述べる）。DNAウイルスはたいてい、DNAポリメラーゼ遺伝子は自前で用意しているということだ。

ただし、一本鎖DNAウイルスであるパルボウイルスの場合、DNAはやはり核の中に移行するが、その複製は、宿主の細胞のDNAポリメラーゼα（アルファ）（7－1節でも登場する）により行われる。

## ②　RNAウイルスの「合成」

では、RNAウイルスのRNAは、宿主の細胞のどこで複製するのだろうか。

インフルエンザウイルスの場合、2－1節でも述べたように、RNAはいくつかのタンパク質と複合体を作り、「RNP」と呼ばれる状態になっている。このRNPを作るタンパク質の一部が「核移行シグナル」という特殊なアミノ酸配列になっており、このアミノ酸配列を、宿主の細胞の核移行メカニズムを担うタンパク質が認識して、RNPを核へといざなうと考えられている。

これに対して、ピコルナウイルスのRNAの複製は、核ではなく細胞質で起こる。フィロウイルス（3－4節参照）のRNA複製も、細胞質である。つまり、これらのウイルスのRNAは、脱殻しても核へはいかないのだ。

というわけで、脱殻によって解き放たれたRNAの行く先は、RNAウイルスの種類によって様々であることが分かる。

そうしてRNAは、ウイルス自身が持っている、RNAを鋳型としてRNAを合成するRNAポリメラーゼ（RNA依存性RNAポリメラーゼ）によって複製される。

ちなみに、HIVに代表されるレトロウイルスの場合は特殊で、脱殻により解き放たれたRNAは、細胞質で、レトロウイルス自身が持っている「逆転写酵素」によりDNAに「逆転写」される。できたDNAが核へと移行し、そこで「プロウイルス」となり、宿主のDNAの中に組み込まれる（3－4節で詳しく述べる）。したがって、プロウイルスとなったレトロウイルスは、宿主のDNAの複製と連動して複製されることになる。

さて、RNAウイルスの「転写」と「翻訳」も、基本的にはDNAウイルスと同じで、最終的には宿主の細胞のシステムを利用し、自身のタンパク質を作る。

ただRNAウイルスの中には、遺伝子の本体としてもっているRNAが、「mRNAとしてそのまま使える」ものと、それを鋳型としてポジ・ネガの関係にあるRNAを合成し、それが「mRNAとして使える」ものがある。さらに、もともとRNAを二本鎖として持っていて、どちらか一方をmRNAとして使うものもある。前二者は「一本鎖RNAウイルス」、後者は「二本鎖RNAウイルス」とも呼ばれる（図5も参照）。

一本鎖RNAウイルスが、「mRNAとしてそのまま使える」RNAを持っている場合、そのRNAを「プラス鎖」といい、ポジ・ネガの関係にあるRNA（相補的なRNA）を合成しないといけないようなRNAを持っている場合、そのRNAを「マイナス鎖」という（図16）。

プラス鎖RNAは、相補的なRNAを合成し、それを鋳型として再びプラス鎖RNAを合成する、という方法で「複製」する。その一方で、プラス鎖RNA自身がmRNAとして使えるから、そのまま細胞のリボソームを利用して自身の遺伝子を「翻訳」し、タンパク質を作ることができる。すなわち「転写」の過程が省略されているわけだ（図16右）。

マイナス鎖RNAの場合もまた、相補的なRNAを合成し、それを鋳型として再びマイナス鎖RNAを合成するという、仕組みとしてはプラス鎖RNAと同じ方法で「複製」する。プラス鎖と違うところは、マイナス鎖RNAには、自身を鋳型としてmRNAを「転写」する過程が存在

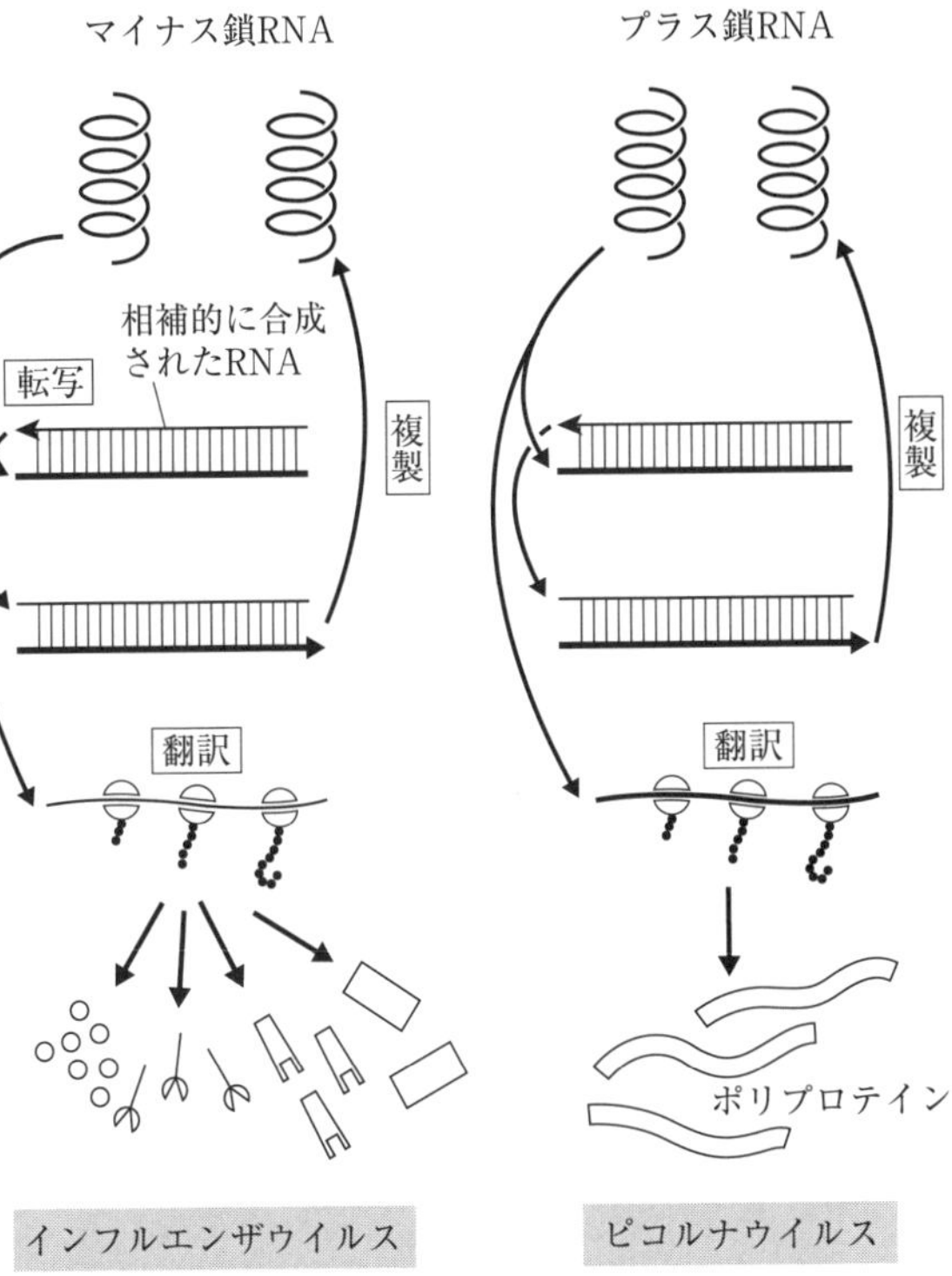


図16　プラス鎖RNAとマイナス鎖RNA

するということだが、その後の「翻訳」の過程は同じである（図16左）。ちなみに、マイナス鎖RNAをもつRNAウイルスは、RNAポリメラーゼを最初からウイルス内に一緒に持っていて、細胞に感染したらすぐ相補的なRNA（mRNA）を合成できるようにしている。

一方、二本鎖RNAウイルスでは、感染した後、まずマイナス鎖RNAを鋳型として、プラス鎖RNA（mRNA）が合成され、翻訳に供される。このmRNAは複製のための鋳型ともなり、RNA依存性RNAポリメラーゼにより複製される。

遺伝子の本体としてのRNAをどう持っているかは、いわばケース・バイ・ケースだが、宿主の細胞の中で最終的にウイルスのタンパク質を作るためのmRNAが作られるのは同じである。そうして、そのmRNAを宿主のリボソームにおいて翻訳させ、アミノ酸をつなげてタンパク質を作るのだ。

ウイルスのDNAやRNAがどのような遺伝子を持っているのか、どのようなタンパク質がウイルスのDNAやRNAから作られるのかは、それこそウイルスによって様々である。核酸の複製やカプシドを作るタンパク質の遺伝子など、最低限の数種類しか作らないものもいれば、何百種類と作るものもいる。

とはいえセントラルドグマは、どんなウイルスにも通用する法則であることにも変わりない。

細胞のものを〝ちゃっかり利用する〟だけ利用しておいて、ウイルス自らはセントラルドグマの体現者然としてふるまうわけだ。

ウイルスは生物とはみなされていないが、生物共通の原則であるセントラルドグマの仕組みを用いて自らを増やすという意味では、ウイルスもまた「生物的」なのである。

生物的ではあるが、生物ではない。

生物ではないが、生物的でもある。

そして、「生物に限りなく近い物質」と定義されているウイルス。

そうした、あたかも「グレーゾーン」であるかのような微妙なところで生きるウイルスたちを、これまで私たちは多くの場合、負の側面から眺めてきた。

なぜなら、彼らは私たちヒトの隠れた強敵であり、とにもかくにも私たちに病気をもたらす「病原体」だったからに他ならない。

次章では、実例をいくつか挙げながら、その「病原体としての」実体に迫っていこう。

## コラム1 役に立つウイルスたち（その1）～医療分野で用いられるウイルス～

### 遺伝子治療

遺伝子治療は、ある遺伝子が生まれつき欠失（なくなってしまうこと）しており、それがもとで重篤な病気になってしまった患者などを対象に行われる治療である。たとえば、世界で最初に行われた遺伝子治療は、ＡＤＡ（アデノシンデアミナーゼ）という遺伝子が正常にはたらかない患者に対するもので、正常なＡＤＡ遺伝子を体内に送り込むというものだった。

正常なＡＤＡ遺伝子を体内に送り込むためには、その遺伝子をある〝乗り物〟に入れて、体外に取り出した細胞に入れる必要がある。その〝乗り物〟に、じつはウイルスのＤＮＡが使われたのであった。正確に言えば、ウイルスを人工的に無毒化したもの、というべきか。その〝乗り物〟を「ベクター（運び屋）」という（図17）。

レトロウイルスベクターをはじめ、アデノウイルスベクター、ワクチニアウイルスベクター、レンチウイルスベクターなど、さまざまなウイルスを改変したベクターが遺伝子治療に用いられてきたが、残念ながら、いずれも何らかの死亡例が見られたり、白血病を発症したりという事例が出て、現在に至ってもなお有効なウイルスベクターは確立されていない。

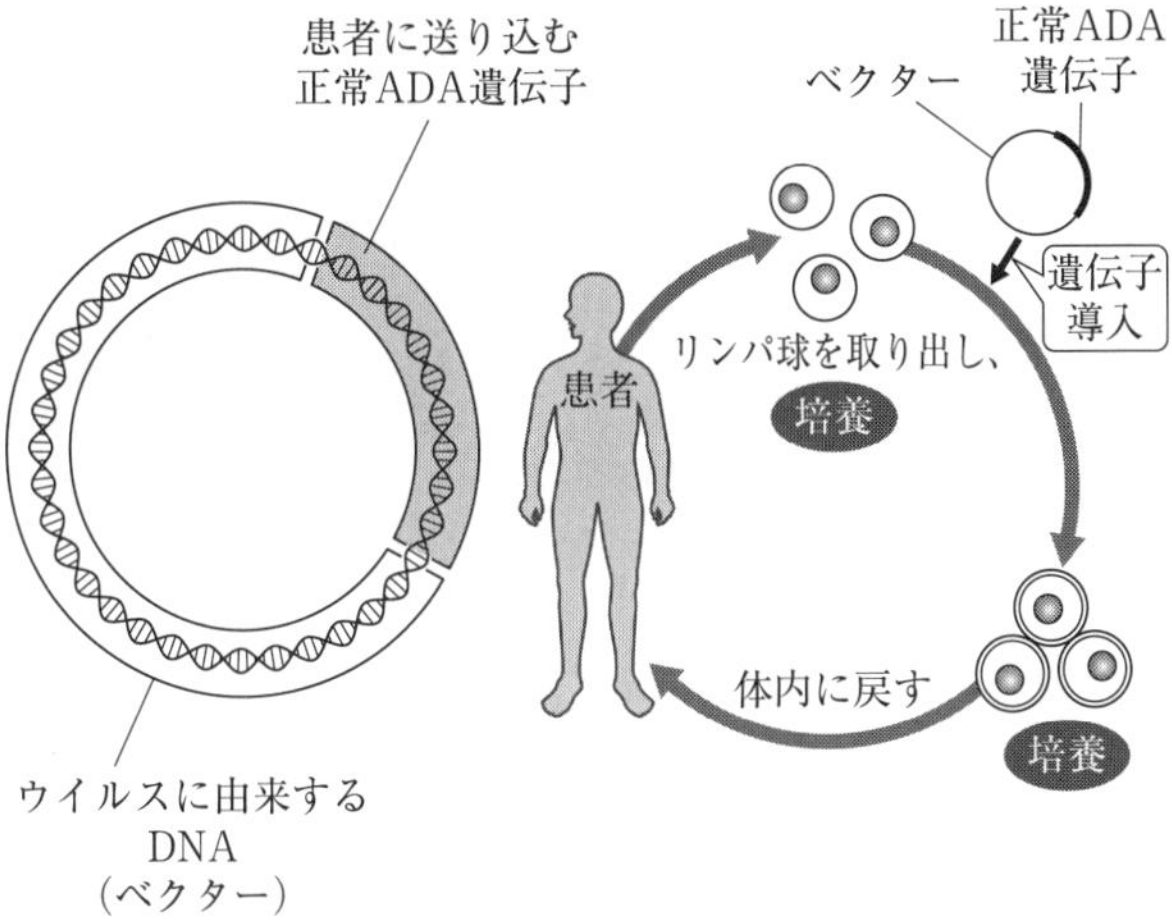


図17　遺伝子治療

## ワクチン

　ワクチンとは、ある特定の病原体を原因とする病気にかからないために、その病原体に対する免疫をあらかじめ活性化させておくのを目的として体に打つ、弱毒化した病原体もしくはその病原体に模した物質のことである。

　ウイルスの場合、弱毒化した〝生きた〟ウイルス（生ワクチン）そのものを打つ場合と、殺したウイルスを打つ場合、そしてウイルスの表面タンパク質などを人工的に大量に作り、それを打つ場合とがある。

　現在では、ポリオウイルスに対する免疫をつけるために打つ生ワクチンが有名だ（図18）。ポリオウイルスは、経口感染によって人から人へと伝播し、体内に入ると神経組織へと侵入し、脊髄を

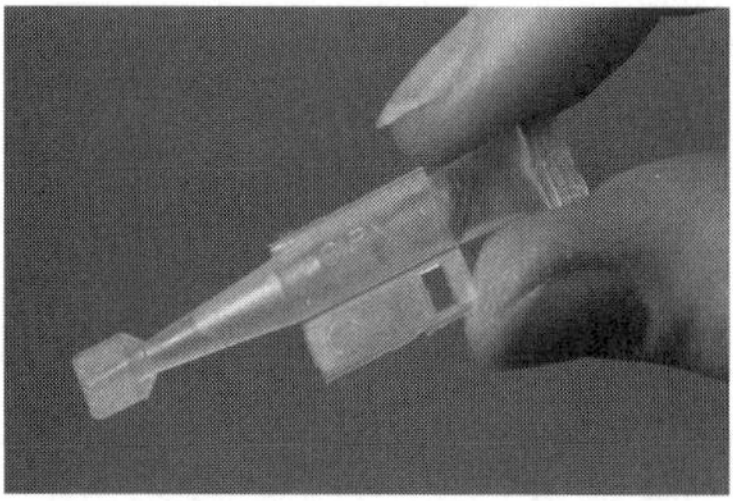

図18　ポリオウイルスの生ワクチン

冒すことによって、「急性灰白髄炎」を引き起こす。

わが国では、この生ワクチンが経口投与（注射ではなく飲む）されていたが、弱毒化したとはいえ〝生きた〟ポリオウイルスだから、ごくまれに、ワクチンを投与した人に、ポリオと同じ症状が出ることがあった。

昨年（二〇一二年）の九月から、わが国では定期予防接種による生ワクチンの投与をやめ、不活化ポリオワクチンの接種に切り替えられている。

# 第三章

# ウイルスはどう病気を起こすのか

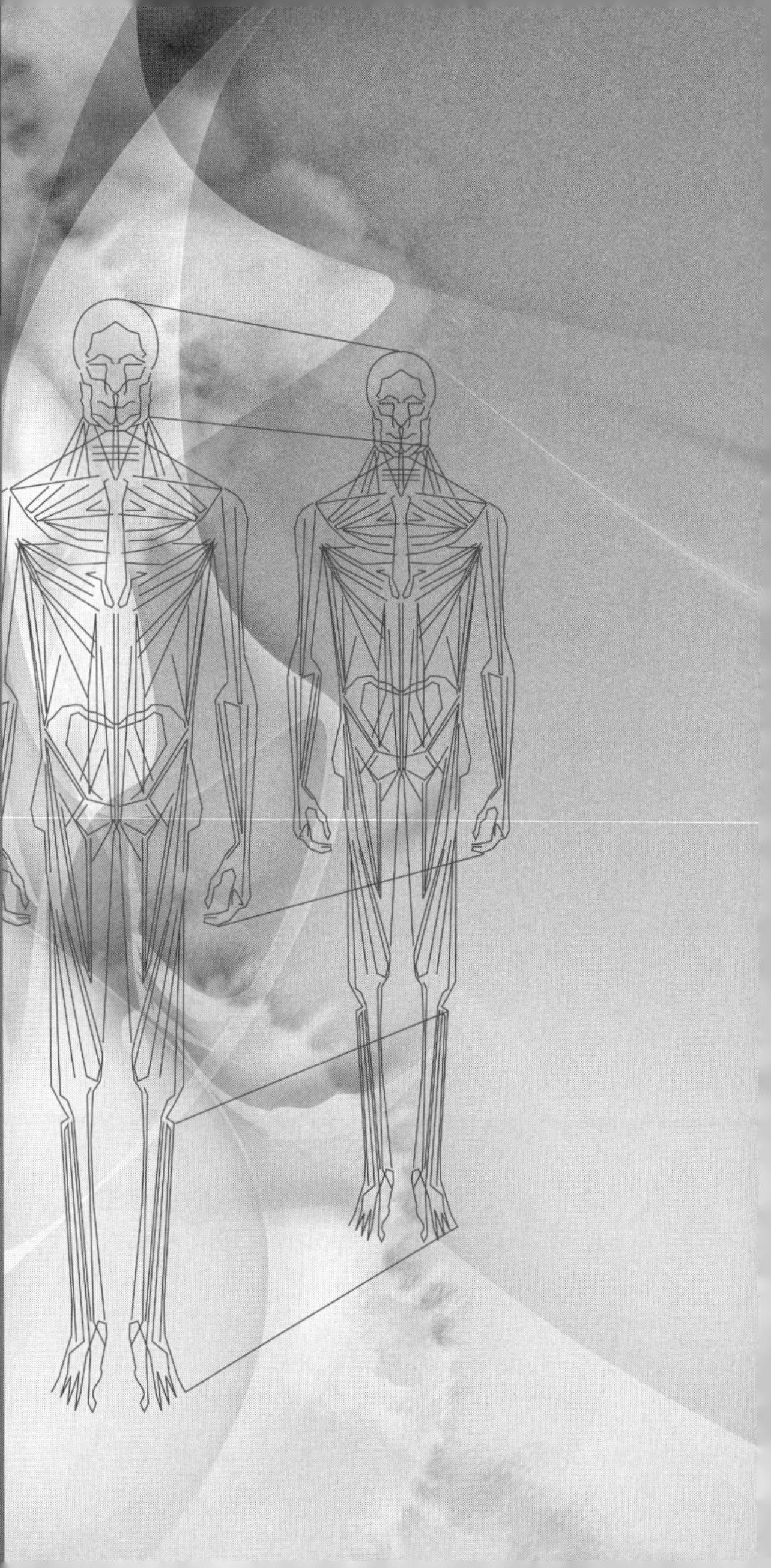

隠れた強敵、ウイルス。にもかかわらず、自信をもって「根絶した」というその自信はどこから来るのだろう？

たとえば、自分の家の中にゴキブリが大量発生したという状況があり、これを全て駆除し、見た目には、家の中にはゴキブリが一匹もいなくなったとする。しかし、これではたして、ゴキブリはこの世から全て消え失せてしまったと言えるだろうか？

それが、言えた。そんな歴史をもつウイルスがいる。ただし真実は分からない。

本章では、ウイルスといえば多くの人が想起するいくつかの代表的なウイルスを例に挙げよう。すでに「根絶された」が、人間の歴史と深く関わってきた病気、ほとんどの人がかかる身近な病気、多くの人が毎年かかるが、もしかしたらとても恐ろしい病気、そしてかかったら多くの場合、死を引き起こす病気。これらをもたらすウイルスたちだ。ある場合にはすぐ治り、ある場合には極めて高い致死性をもつ「感染症」の観点から、ウイルスが病気を引き起こすメカニズムを紐解いていくことにしよう。

## 3-1　ポックスウイルスと天然痘

## ジェンナーと種痘

近年の「巨大ウイルス」が発見されるまで、ウイルスの中では最大の大きさと複雑さを誇っていたポックスウイルス。

ポックスウイルスといえば、その代表が「天然痘ウイルス（痘瘡ウイルス）」である。ワクチンという言葉は、現在ではほとんどの人が知り、かつ毎年のようにお世話になるものの名前だ。言わずと知れた、病気にかからないための予防措置として注射されるアレのことであり、そのワクチンを世界で初めて使った人といえば、これもまた偉人伝などで人口に膾炙しているイギリスの医師エドワード・ジェンナー（一七四九〜一八二三）である（図19）。

図19　少年に種痘を行うジェンナー（モンテベルデ作，1878年，ビアンコ博物館〔ジェノバ〕蔵）

天然痘は非常に感染力の強い感染症で、感染した人に高熱をもたらすとともに、顔面などに豆粒大の発疹を生じる。やがてこれが

「膿疱（のうほう）」となって全身に広がり、重い場合には消化器や呼吸器にも異常をきたして死に至る病気、それが天然痘である。

天然痘はヒトがかかる病気だが、ポックスウイルスの仲間は非常に多くの動物に感染することが知られている。またジェンナーが活躍した一八世紀には、ウシを宿主とするウイルスがヒトに感染する「牛痘」がよく知られており、この牛痘が、ジェンナーをして現代医学につながる重要な発見をもたらしたのだった。

ジェンナーは当時、天然痘とよく似たこの牛痘が、ウシの乳搾りをする女性に対して、感染はするけれども激しい症状は引き起こさないことに気づいたのである。そこでジェンナーは、そうした女性の牛痘のかさぶた（牛痘瘡）から採った膿のような液を、ある少年に接種してみた。さらにその二ヵ月後、天然痘患者の膿疱をこの少年に接種してみたところ、この少年が天然痘の重篤な症状をあらわさないことを発見した。さらにその数ヵ月後にも同様に天然痘患者の膿疱を接種したが、やはり少年は天然痘を発症しなかった。

この人類史上特筆すべき出来事は、一七九六年のことであり、少年はジェンナーの八歳になる息子だったとも伝えられているが、複数の少年に接種を行ったうちの一人が息子だったというのが本当のところらしい。

これが「天然痘ワクチン」、いわゆる「種痘」の開発（一七九八年）につながり、その後天然痘の死亡率は激減したという。このことが、二〇〇年ほど後の、WHO（世界保健機関）による天然痘の根絶宣言（一九八〇年）を導いたといっても過言ではない。

ジェンナーによる種痘の開発こそが、ヒトの歴史上初めてウイルスとの闘いに勝った（とヒトがそう思っている）唯一の事例の、ひっそりとした幕開けだったのである。

現在までに完全にウイルスを根絶したとみなされているのは天然痘ウイルスのみだが、ジェンナーによる種痘の開発のおよそ一〇〇年後、フランスの微生物学者ルイ・パストゥール（一八二二〜一八九五）による「狂犬病ウイルス」を原因とする狂犬病ワクチンの開発を契機として、多くのワクチンが開発されるようになり、根絶とはいかないまでも、病原体としての多くのウイルスの強勢を、ある程度、抑えることができるようになったのであった。

## ポックスウイルスの構造と種類

天然痘ウイルスが根絶されたからといって、他のポックスウイルスも同じ運命をたどったわけではない。他にもさまざまなポックスウイルスがおり、しかも第七章で見ていくように、私たち生物の進化を考えるうえで重要な存在であった可能性すらあるので、ここでポックスウイルスのあらましを語っておくことは、本書にとってかなりの意義がある。

ポックスウイルス科に含まれるウイルスには、脊椎動物に感染するものと、昆虫に感染するも

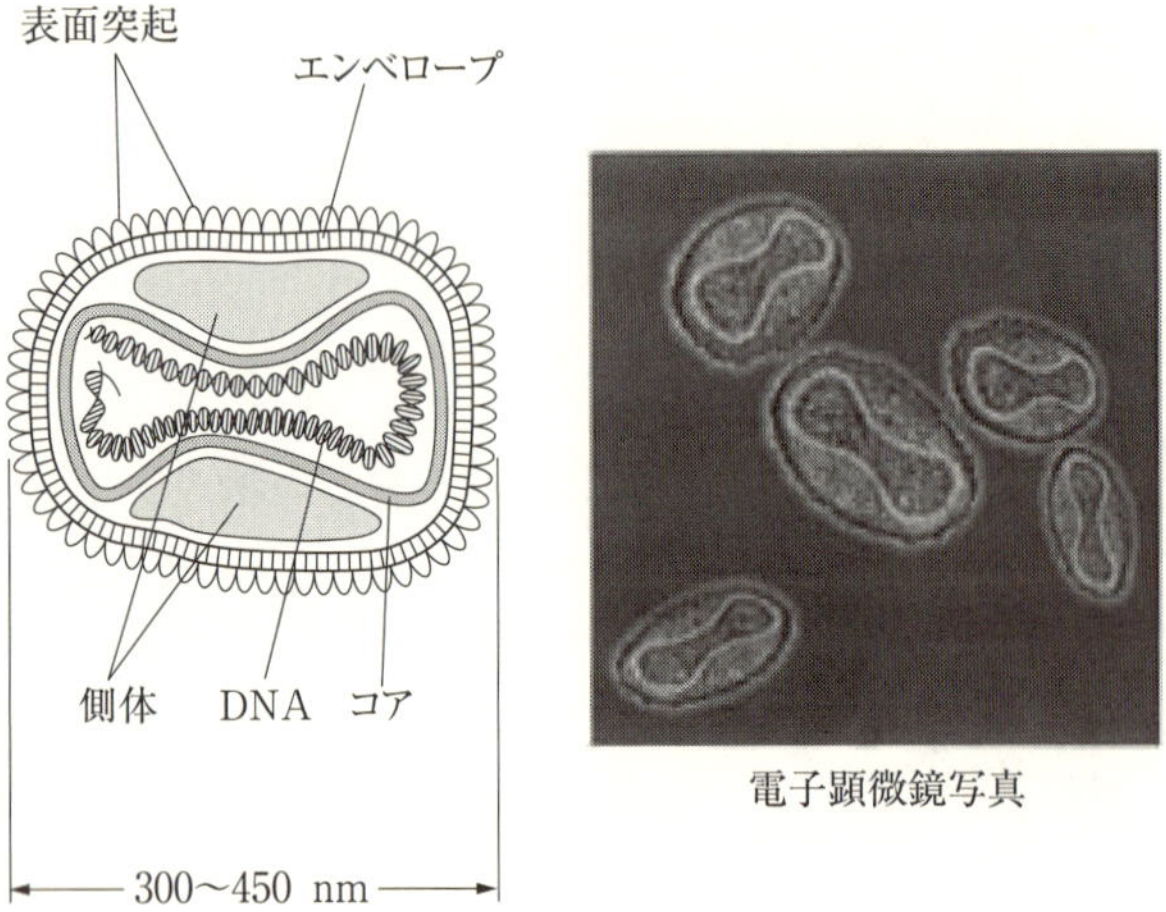


図20　ポックスウイルス

のがある。ヒトに天然痘をもたらす天然痘ウイルスは、脊椎動物に感染するポックスウイルスである「オルソポックスウイルス」属に含まれる。

第一章ですでに紹介したように、ポックスウイルスはＤＮＡを遺伝子の本体としてもつＤＮＡウイルスであり、またエンベロープウイルスである。

ポックスウイルスのＤＮＡは、「コア」と呼ばれる、タンパク質でできた〝袋〟の中にあり、コアの外側には「側体」という構造体が一個もしくは二個存在する。これらをエンベロープが覆っている。そして、このエンベロープからは、「表面突起」と呼ばれるタンパク質でできた突起物が無数に突き出ている（図20）。

先に述べたように、ポックスウイルスの仲間は、プロローグでも登場したミミウイルス（第六章も参照）が発見されるまでは、これまで知られているウイルスの中で最大のものであると考えられてきた。もちろん「最大」とはいっても、生物であるバクテリアよりははるかに小さく、光学顕微鏡では見えない程度の大きさである。

ポックスウイルスは、三〇〇〜四五〇×一七〇×二六〇ナノメートルという大きさで、煉瓦（れんが）状もしくは卵形をしている。一ナノメートルは一ミリメートルの一〇〇万分の一の大きさだから、ポックスウイルスは、一万分の三〜一万分の四ミリメートル程度の大きさである。

脊椎動物に感染するポックスウイルスには、天然痘ウイルスや牛痘ウイルスの他に、ヒトやウシ、ヒツジに感染する「オルフウイルス」、ニワトリに感染する「ニワトリ痘ウイルス」、ヒツジに感染する「ヒツジ痘ウイルス」、ウサギに感染する「ウサギ粘膜腫ウイルス」、ブタに感染する「ブタ痘ウイルス」、サルに感染する「サル痘ウイルス」、そしてヒトに感染し伝染性軟属腫という皮膚のいぼを作る病気の原因となる「伝染性軟属腫ウイルス」などがある。
が、やはりポックスウイルスの代表格は、根絶宣言されたとはいえ——じつはアメリカとロシアの研究機関できちんと保存されている——、天然痘ウイルスであろう。なぜなら、このウイルスが古来、私たちヒト社会とその歴史に、多大な影響を与えてきたからである。

## 天然痘とその発症メカニズム

天然痘（痘瘡）の、人類史における歴史は長い。

なにしろ、古くは古代エジプトのファラオのミイラに、天然痘にかかった痕跡が見られるほどである。

わが国では、敏達天皇、用明天皇、東山天皇といった複数の天皇が天然痘で命を落としたり、大化の改新後、権勢をふるった藤原不比等の四人の息子（藤原武智麻呂、藤原房前、藤原宇合、藤原麻呂）が、相次いで天然痘により死亡してその後の大和政権の権力構造が変わったり、天然痘の流行が奈良の大仏造営のきっかけの一つにもなったりした。戦国大名伊達政宗が幼少時に天然痘にかかり、右目を失明したことも有名な話だろう。

天然痘は古来、大流行する感染症であり、死亡率も高く、このように国家の中枢にある人物などが罹患することも多かった。その結果として政治や文化にもたらした影響も大きく、人類の歴史には欠かすことのできない存在となってきたのである。

人類の歴史を裏で操っていた、などとも言われかねないポックスウイルス。

このウイルスの生物学上特筆すべき性質は、ウイルスの増殖が、感染した宿主の細胞の「細胞質」で起こるという点である。この性質をもつのは、ＤＮＡウイルスの中ではポックスウイルスだけである。

他のDNAウイルスは、感染した宿主の細胞の「細胞核」にまで侵入していくのに対して、ポックスウイルスだけは、核なんてまるっきり無視するかのように、細胞質の中で増殖し、最後には細胞崩壊により、外へと飛び出していく。

このポックスウイルスが「細胞質」で増殖するという点は、第七章でも再び登場するので、頭の片隅に置いておいていただければ幸いである。

さて、天然痘ウイルスは、ヒトが空気を吸うとき、その中に混じって上気道の粘膜から体内へと侵入した後、まずは「リンパ節」と呼ばれる〝免疫システムの交番〟のようなところで増殖する。

そうして増殖したウイルスは血液の中に流れ出す。そうするとヒトの体は「ウイルス血症」という状態に陥る。まさにその名の通り、ウイルスが血の中にわんさか存在し、ウイルスがあたかも体中を巡って旅をしているかのような状態になってしまう。

血流にのって体中を旅した天然痘ウイルスたちは、やがて体中の皮膚や粘膜に到達し、細胞への感染、増殖を繰り返すことにより、天然痘患者に特徴的な症状である、全身性の「発疹」を起こし、水疱を生じさせるのである。この状態を「発痘」という。

発痘の直後、患者の体温は下がってやや落ち着くが、やがて水疱が膿疱に変化する「膿疱期」にさしかかると、再び体温は上昇する。十日ほど経過した後に再び体温は下がるが、それとともに膿疱の中央がくぼんで「痘臍」が形成され、最終的に「痂皮」（かさぶた）となっていく。

重症化した場合、患者はおおむね皮膚や結膜、口腔、鼻、腸などから出血し、発病後一週間以内に死亡してしまう。

ポックスウイルスの語源となった「膿疱（pox）」。

この小さな発疹が、人類の歴史を左右する力をもっていたとは、まさに驚くべきことだ。「ウイルス恐るべし」と感慨を覚えるよりも前に、その恐怖に打ち震え、まさに体がど、うと、地面に倒れるがごとしである。

## 3－2　風邪のウイルスたち

### やぶ医者と風邪

たかが風邪、されど風邪。

私たちに身近な、いわゆる「普通の風邪」（普通感冒）もまたウイルスが原因とされる。

常に私たちの周りに生きているものこそ、ウイルスなのだ。

重い病気も軽い病気も等しく、私たちヒトにもち込んでくる、それもまたウイルスなのである。

というわけで、現代ではほとんど死語になった「やぶ医者」という言葉があるという話から始めよう。言うまでもなく、ヘタクソな医者のことを古来、日本人はそう呼びつつも、親しみを込めて接してきたわけだった。

なぜ「やぶ医者」と呼ぶのか。上方落語の天才と呼ばれた二代目桂枝雀（一九三九〜一九九九）の噺のマクラから引用すると、「カゼで動くから」やぶ医者だという。竹藪は風が吹くとさわさわと動く。風邪くらいの軽い病気なら「この先生でも大丈夫だろう」ということで、風邪が流行（はや）ったときだけ仕事がある、ということだそうだ。

しかしながら、風邪にもいろいろある。放っておいても治るような軽い鼻風邪もあれば、放っておくと肺炎を引き起こし、やがては死に至るような悪魔的な風邪もある。本節では健康な人なら放っておいてもいずれ治る軽めの風邪、すなわち「普通感冒」について、ウイルスとの関係を紐解いていくことにしよう。

さて、風邪といえば、どのような症状が思い浮かぶであろう。

おそらくは、発熱、体のだるさなどの他に、鼻のムズムズ、くしゃみ、鼻づまり、とめどなく流れ出る鼻水、喉の痛みと腫れ、そして咳などの症状を挙げる方が多かろう。中にはいわゆる

普通の風邪は放っておいてもいずれ治る

「胃腸かぜ」のように、消化器系に何らかの不快感を伴うものもある。

これらの症状に共通の特徴とは何かといえば、どれも空気と直接触れる機会が多い部分、しかも「粘膜」になっている部分を中心に出るということだろう。鼻の中だって粘膜で覆われているし、喉から気管支にかけての部分も、デリケートな粘膜組織がその表面を覆っている。

第一章でも述べたように、ウイルスはどこにでもいるので、当然、この私たちの周囲の空気中にもウヨウヨいるはずだ。そのウイルスたちを、私たちは毎日、毎時、毎分、毎秒、気道を通して体の中に吸い込んだり吐き出したりしているわけである。

そうしたウイルスが、私たちの粘膜組織にとりつくのは、いわば〝朝飯前〟なのだ。

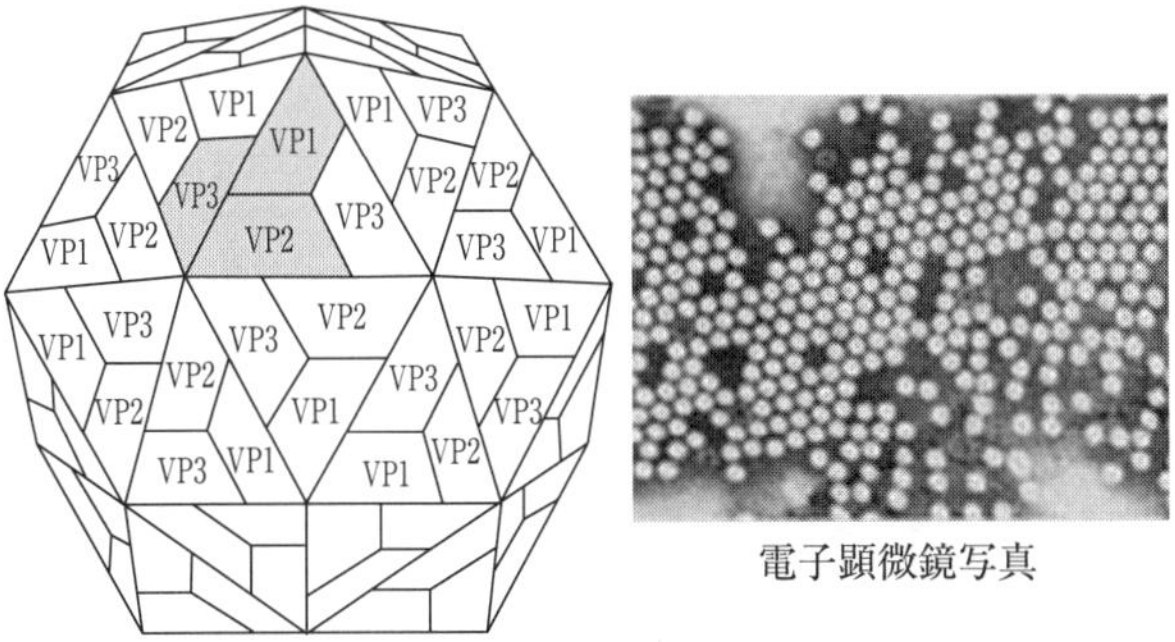


図21　ピコルナウイルス（左図出典：高田賢蔵編,『医科ウイルス学・改訂第3版』, 南江堂, p.387）

## ピコルナウイルスの構造

さて、私たちが年から年中ひいている普通の「風邪」、すなわち「普通感冒」の原因ウイルスの一つが「ライノウイルス」と呼ばれるウイルスだ。

このウイルスは、RNAウイルスの一科である「ピコルナウイルス科・エンテロウイルス属」に分類される（図5も参照）。

ピコルナウイルス科に属するウイルスの一般的な形は、以下のようなものである。

まず、彼らの大きさは直径およそ三〇ナノメートル。ポックスウイルスの一〇分の一ほどの小さなウイルスであることが分かる。その名「ピコルナ」ウイルスというのは、「小さな（pico）」「RNA（rna）」ウイルスという意味である（図21）。

エンベロープをもたないノンエンベロープウイルス

で、表面のカプシドは、正二十面体という極めて規則的な形をしている。カプシドは「VP1」、「VP2」、「VP3」、「VP4」という四種類のタンパク質からできている（図21左）。

ピコルナウイルスのRNAの長さは七五〇〇～八五〇〇塩基であり、それ自身が「mRNA」となる、すなわち「プラス鎖」のRNAである（2-2節も参照）。

## ピコルナウイルスの〝悪さ〟

さて、ピコルナウイルスが私たちの上気道の細胞に感染すると、はたして何が起こるのだろうか。

空気に混じって入ってきたピコルナウイルスはまず、そこにある細胞の表面にあるタンパク質にとりつく。どんなタンパク質にとりつくのかはすでに明らかにされているが、詳しい名称は割愛する。

ウイルスが細胞表面タンパク質にとりつくと、宿主に選ばれてしまった〝気の毒な〟細胞のほうは、とりついたウイルスを飲み込むようにして細胞内へと取り込んでしまう。

ウイルスは、こうしてまんまと細胞の中に侵入すると、タンパク質の殻であるカプシドを脱ぎ捨て、そのRNAを細胞内に放出する（図22）。

放出されたRNAは、先ほども述べたように、それ自身がmRNAとしてはたらく「プラス

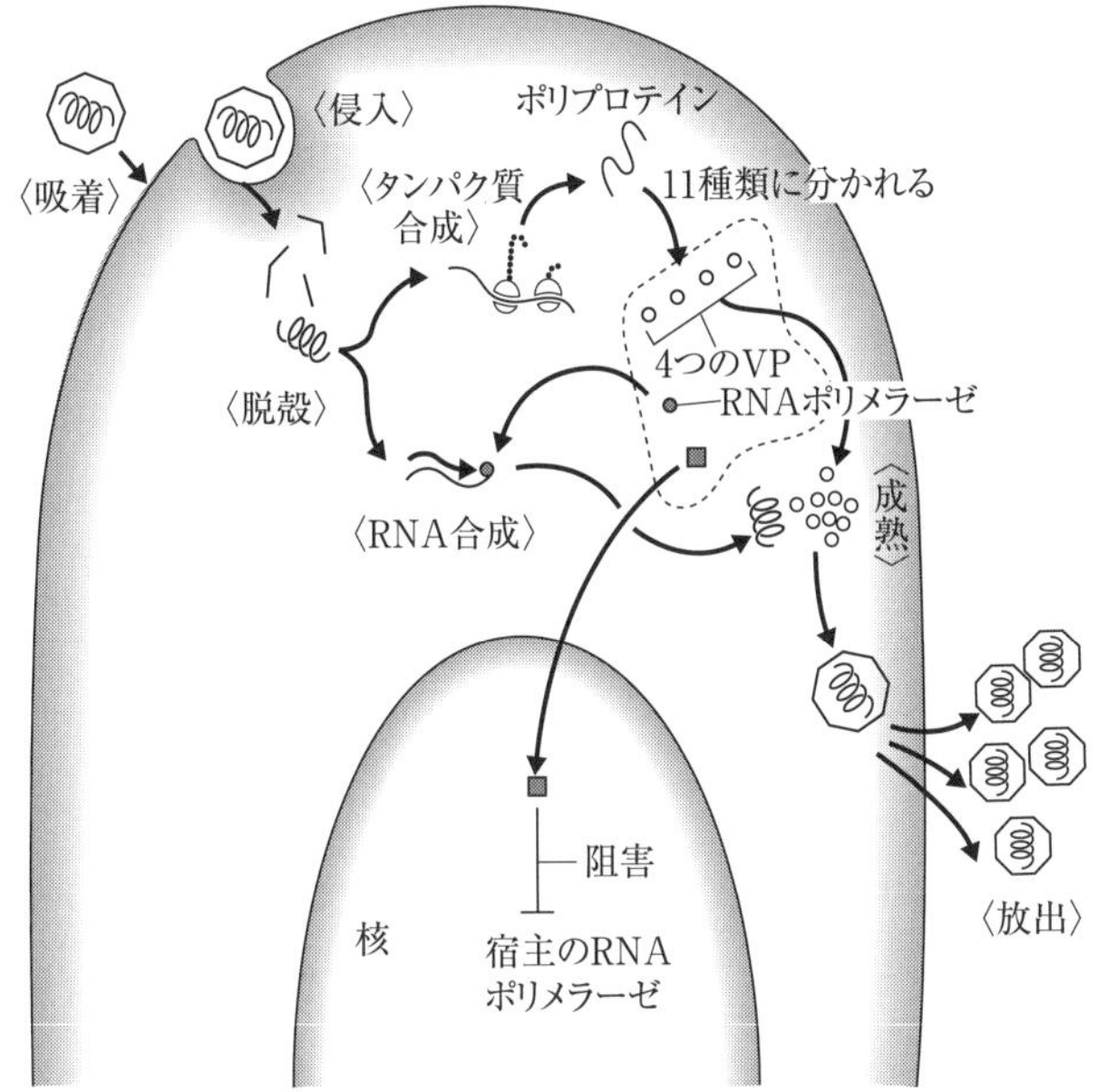


図22　ピコルナウイルスの侵入から放出まで

鎖」だから、そのまま細胞質にあるリボソームと結合し、ウイルスのタンパク質を合成しはじめる。ウイルスのタンパク質は当初、「ポリプロテイン」（図16も参照）という一つのタンパク質として作られ、これが最終的に一一個のタンパク質に分けられる。最初一個あった大きなメロンを、一一個に切り分けるようなものだ。このうちの四種類が、カプシドを形成する上記四つのVPタンパク質となるわけである。

残りのタンパク質には、ウイルスのRNAを複製する「RNAポリメラーゼ」としてはたらくものもいれば、ウイルスが宿主細胞の中で複製

（増殖）しやすいよう、細胞に対していろいろ〝悪さ〟をするものもいるらしい。

たとえばあるタンパク質は、細胞自身のｍＲＮＡからタンパク質が合成されるのを邪魔することが知られているし、また別のタンパク質は、宿主の細胞核の中に入っていき、細胞自身のＲＮＡポリメラーゼのはたらきを阻害してしまうのだ（図22）。

ウイルスとしては、細胞のシステム（リボソームやｔＲＮＡ、アミノ酸）を使って自分自身を複製するためには、細胞がふつうに機能していては、自身にとっては邪魔なのだろう。宿主の細胞からすれば、何もそこまでしなくてもと思ってしまうのが人情であろうが、私たちは別に義侠もののテレビドラマを見ているわけでも、情愛ドラマを見ているわけでもない。

やがて、ピコルナウイルスのＲＮＡは複製され、細胞のリボソームで合成されたカプシドタンパク質（ＶＰたち）などと一緒になり、〝子〟ウイルスがたくさん作られ、細胞をぶっ壊して飛び出していく。細胞一個あたり、二万五〇〇〇～一〇万個もの〝子〟ウイルスが放出されるというのだから、これまた驚きである。

## ライノウイルスの感染と風邪の症状

こんな悪さをするピコルナウイルスだから、感染されてしまった宿主の細胞は悲劇である。

ピコルナウイルスの一種であるライノウイルスが、私たちに風邪（普通感冒）をひかせるメカニズムを概観してみよう。

「ライノ」とは、ギリシャ語で「鼻」を意味する「rhinos」に由来する言葉である。鼻にくる病気といえば、もちろん「風邪」である。鼻の症状を主とする風邪の多くは、このライノウイルスによるものだと考えられている。

繰り返しになるが、ライノウイルスは、ピコルナウイルス科・エンテロウイルス属に分類されるRNAウイルスである。

ピコルナウイルスについては先に述べた通りだが、「エンテロウイルス」という分類群は、「腸管」を意味するギリシャ語「enteron」を語源とするウイルスたちで、その名の通り、腸管の細胞をメインに、咽頭の細胞などにも感染し、増殖するウイルスである。

しかし、そんなエンテロウイルス属の一種であるライノウイルスは、じつは腸管では増殖せず、もっぱら鼻を中心とした上気道粘膜にのみ感染、増殖する。そのため、かつてはエンテロウイルス属とは異なる「ライノウイルス属」に分類されていたこともあるくらいだ。

ライノウイルスが上気道の粘膜細胞に感染すると、潜伏期間のおよそ一～二日間の間に上述したような悪さをして、細胞をぶっ壊しながら増殖を続け、その結果として鼻漏、鼻閉、くしゃみ、咽頭炎などの風邪の諸症状をもたらす。私たちの体内では、ライノウイルス、もしくはそれに感染してしまった細胞を除去しようとして、異物を除去する免疫系が活性化するので、発熱や頭痛、全身倦怠感を伴うことが多い。しかしながら、ほとんどの読者諸賢も経験からよくご存じであろうけれども、一般的には数日でウイルスは排除され、治ってしまう。

なお普通感冒は、ライノウイルスの他、同属の「エンテロウイルス」、DNAウイルスの「アデノウイルス」、RNAウイルスの「コロナウイルス」なども原因となることが知られている。

## 胃腸炎とノロウイルス

さて、普通感冒とは違うけれども、俗に「胃腸かぜ」などとも呼ばれる、毎年冬になると流行する風邪が、日本でも近年話題に上っていることは多くの人が知っているだろう。大人も子どもも関係なく苦しめられるこの風邪――正しくは「胃腸炎」だが――を引き起こすのもまた、たいていの場合ウイルスだ。この話題を最後に取り上げておこう。

乳幼児の胃腸炎は、ロタウイルスと呼ばれるレオウイルス科に属するウイルスが原因であることが多いが、その次に多いのが、近年話題となっている「ノロウイルス」である（図23）。大人に至っては、バクテリア以外のものを原因とする胃腸炎の9割が、ノロウイルスによるものだ。ノロウイルスはまた、いわゆる「食中毒」の主な原因でもある。

ノロウイルスは「カリシウイルス科」に属するRNAウイルスで、ノンエンベロープウイルスである。ピコルナウイルスと同じくらいのサイズと形をしており、直径はおよそ三〇ナノメートル、正二十面体の規則正しい形をしている。

ＲＮＡはプラス鎖ＲＮＡであるから、それ自身がｍＲＮＡとしてはたらく。長さもまたピコルナウイルスと同じ程度で、五千〜八千塩基程度だ。

ノロウイルスの感染は、主に飲食物、もしくはノロウイルスに感染して胃腸炎を発症した患者の嘔吐物などからの経口感染である。ノロウイルスはヒトにしか感染しないので、細胞を使った実験系などが確立されておらず、感染メカニズムはあまり明らかになっていないが、ボランティアの協力のもとで行われた研究により、胃に近い十二指腸や空腸（小腸のうち、十二指腸に近い側をこう呼ぶ）の内部表面にある「絨毛」と呼ばれる、細胞の層が毛のように入り組んだ部分で、感染初期のウイルスの複製が起こると考えられている（引用文献はShirato H (2011)：巻末参照）。

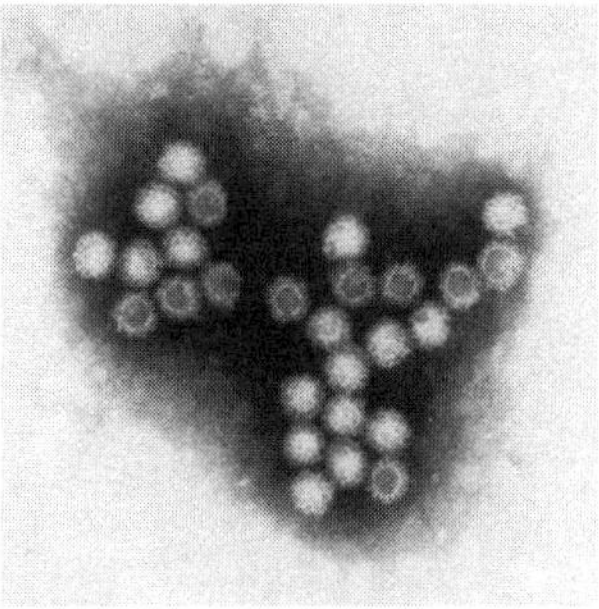

図23　ノロウイルス

　つまり、ノロウイルスの宿主は十二指腸や小腸の上皮細胞であるということだ。そうなると、栄養の消化、吸収に重要な役割を果たすこれらの腸がうまくはたらかなくなり、「胃腸かぜ」の主な症状である下痢があらわれるのだ。

　もちろんこれらの細胞はどんどん新しく作られていくので、

ノロウイルスの〝悪さ〟と言っても、一般的には軽症で、死を恐れるほどに心配することはない。ただし、乳幼児や高齢者は、下痢などによる脱水症状が死をもたらすこともあるので、注意が必要だ。ノロウイルスは八五℃、一分以上の加熱で死ぬ（不活化される）ので、よく火を通した食品を食べれば感染することもなく、手洗いやうがいをすることで予防することもできる。

## 占いよりも信憑性の高い話　〜ノロウイルスと血液型〜

さて、ノロウイルスの感染メカニズムについては、先ほども述べたように実験系が確立していないためよく分かっていないことが多いが、ノロウイルスに関して近年ちょいと話題になったのが、「血液型」と関連するのではないかという話である。

じつはノロウイルスが、細胞の表面に存在する「糖鎖」（糖の単位である単糖がいくつか長くつながり、鎖のようになった分子）に結合することで「吸着」を果たすということが知られている。

細胞の表面の「糖鎖」。

これこそが、赤血球表面にある血液型を決める物質なのだが、面白いことに、このノロウイルスが吸着する糖鎖は、赤血球だけでなく、なんと十二指腸や小腸の上皮細胞の表面にもあるのである。だから、ノロウイルスが小腸上皮細胞上のソレを見つけ、吸着することができるのである。

興味深いのは、血液型によって、ノロウイルスが吸着するものとしないものがあるらしい、ということが分かったことであろう。というのも、血液型を決める糖鎖の先端の構造が、血液型によって異なるからである。

ある研究者は、O型のヒトではノロウイルスの感染率が高く、B型のヒトでは低いと報告している。もっともこれは、ノロウイルスの中でも最もオリジナルなタイプの場合であって、現在ではノロウイルスにはじつに三十種類以上の、遺伝子のタイプが異なるウイルスが知られており、別のノロウイルスでは逆にO型のヒトでは感染率が低く、A型とB型では高いといった場合もあるようだ。ただしこれは、試験管内での糖鎖との結合力を試す実験の結果である（引用文献は白土ら（2007）：巻末参照）。

さらに、血液型には、よく知られている「ABO式」糖鎖以外にも「ルイス式」糖鎖と呼ばれるものもあり、このルイス式糖鎖に対する各種ノロウイルスの吸着能力にも、差が存在することが分かってきている。こうした吸着能力を解析できているのも、数あるノロウイルスのうちの一部のみだ。

というわけで、B型だからノロウイルスにかからないとか、O型だからもうダメだ～というわけでは決してない。まだまだ研究は始まったばかりである。が、血液型がノロウイルスの感染に何かしら関係していることは、どうやら確からしい。

さらに、血液型糖鎖を小腸上皮細胞表面に発現させる遺伝子に「ＦＵＴ２」という遺伝子があるが、この遺伝子が変異を起こしていると血液型糖鎖が小腸上皮細胞に発現せず、ノロウイルスによる感染も受けないという報告もある。

研究は始まったばかりだが、将来的には、血液型糖鎖ならびにその発現メカニズムとノロウイルスの吸着との関係が全面的に明らかとなっていくことで、何らかの対策を講じることができるかもしれない。

ノロウイルスは、研究の進展が大いに期待されるウイルスの一つでもあるのである。

## 3－3　インフルエンザウイルスと突然変異

### インフルエンザウイルスにはタイプがある

さていよいよ、病原体としてのウイルスに関するクライマックスである。

私たちヒトが、個人的にというよりむしろ社会全体としてかかるとさえ言える「インフルエンザ」は、毎年冬に流行する、いわゆる「季節性」のものが大半である。

昔の人は、毎年冬に流行するこの病気を、星や寒気の影響であると考えた。「影響する（influence）」という言葉、これこそがインフルエンザ（influenza）の語源である。

今や人類の〝宿敵〟とさえ言える存在となったインフルエンザウイルスだが、その生態に関してはまだまだ分からないことが多い。

昨今は「新型インフルエンザウイルス」と呼ばれるウイルスに関する話題がかまびすしいが、そもそも「新型」といっても、本当に突然、新しい型のウイルスが突如、降ってわいたように誕生するというわけではない。もともと普通に自然界に存在していたものがヒトにも感染する能力を新たに身に付ける、といった意味にとらえておいたほうがよい。

では、「型」とはいったい何だろうか。ここらあたりから、徐々にややこしくなっていく。

インフルエンザウイルスはエンベロープウイルスである（図24）。

エンベロープの内側には裏うちタンパク質が多数あり、ウイルスの構造を維持している。その内側に八本のＲＮＡ（実際にはＲＮＰという、タンパク質との複合体を形成している）がある。

エンベロープにはいろいろなタンパク質が埋め込まれ、外側に向かって突き出た格好になっており、その中に、「ヘマグルチニン」と「ノイラミニダーゼ」という二種類のタンパク質がある。これ以降、前者を「ＨＡ」、後者を「ＮＡ」とするが、ＨＡについては２－１節でもすでに

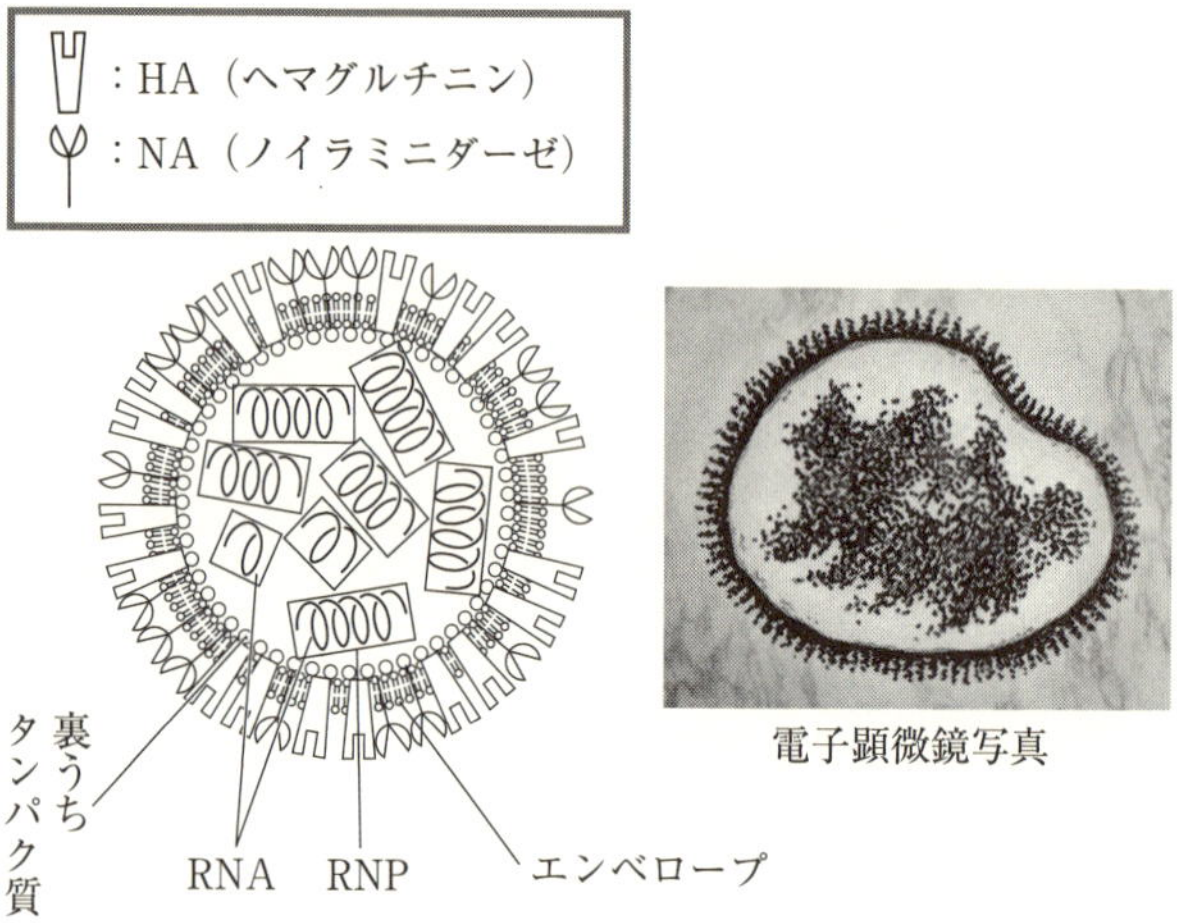


図24　インフルエンザウイルス

ご紹介したので覚えておられよう。

じつはこの二つのタンパク質に複数の「型」があって、どの型をもつかによって、インフルエンザウイルスの「型」（タイプと言ったほうがよい）が決まるのである。

## インフルエンザウイルスの「亜型」

タイプと言ったほうがよいという注釈付きで「型」という言葉を使ったが、正確に言うと、インフルエンザウイルスの「型」というのは、A型インフルエンザウイルス、B型インフルエンザウイルス、そしてC型インフルエンザウイルスという場合の「型」を指す。

A、B、Cのどの型のインフルエンザウイルスにも、ヒトに感染するものはあるが、とりわけ大流行を引き起こすのはこのうち「A型」である。本書でもこれ以降、特に断りのない限り、「インフルエンザウイルス」といえばこのA型インフルエンザウイルスのことであるとご承知おきいただきたい。

さて、「HA」と「NA」には、じつはそれぞれ一六種類、九種類の「型」があり、H1～H16（こうした場合、HAではなくHと表記する）、N1～N9（こうした場合、NAではなくNと表記する）という具合に書き表すことになっている。

| 型 | 亜型 | 宿主 | RNA分節数 |
|---|---|---|---|
| A | H1～H16<br>N1～N9 | ヒト・哺乳類（ブタ、ウマ等）・鳥類 | 8 |
| B | なし | ヒト・まれにアザラシ | 8 |
| C | なし | ヒト・まれにブタ | 7 |

表4　インフルエンザウイルスの型と亜型（出典：高田賢蔵編，『医科ウイルス学・改訂第3版』，南江堂，p.333より改変）

「型」といえば正確にはA、B、Cのことだから、「HA」と「NA」が決めるこれらの型は、正確には「亜型」と呼ばれる（表4）。

したがって、この「HA」と「NA」の亜型の組み合わせを考えると、それだけ多くの種類のインフルエンザウイルスが存在する、ということが分かるだろう。よくH1N1型とか、H2N2型などと呼ばれるものである。

ちなみに、「HA」と「NA」に亜型が存在するのはA型インフルエンザウイルスのみであり、B型ならびにC型インフルエンザウイルスには、そうした亜型はない（表4）。

それでは、亜型を決める「HA」と「NA」、これらにはいったいどのような役割があるのだろうか。

まずは「ＨＡ」だが、この「ヘマグルチニン」という名前には、「赤血球を凝集する因子」という意味がある。

ＨＡは、糖と結合する「レクチン」と呼ばれるタンパク質の一種である。赤血球表面に突き出ている糖の分子と結合して、赤血球同士を結び付けるはたらきをもつために、そのような名前が付けられた。ただ、あくまでもそれは、生化学的分析の一環として行われる生化学的テスト上での性質であって、インフルエンザウイルスの「ＨＡ」が、体内で赤血球を凝集させる作用をもつわけではない。

「ＨＡ」が糖と結合する性質があるがゆえに、インフルエンザウイルスは、これから感染しようとする細胞の細胞膜表面に存在する糖と結合し、その細胞に吸着することができる（図7も参照）。ＨＡは、ウイルスが細胞に吸着するための、いわば〝糊〟であり〝マグネット〟でもあるということだ。

一方の「ＮＡ」だが、この「ノイラミニダーゼ」というのは、「ノイラミン酸」を「分解する酵素（〜アーゼ）」という意味である。

ノイラミン酸とは、糖の一種で、別名「シアル酸」ともいう。たいてい、細胞膜表面の糖の分子の先端にちょこんと結合していることが多い（図7も参照）。このノイラミン酸を切り離すのが、「ＮＡ」の役割である。

　この性質があるがゆえに、インフルエンザウイルスは感染した宿主の細胞の表面から放出される際に、この「ＮＡ」を利用してうまく細胞表面から離脱することができる。「ＮＡ」は言ってみれば、ウイルスが利用する〝ハサミ〟なのである。

## パンデミック（世界的大流行）とエピデミック（小規模な流行）

　インフルエンザウイルスが引き起こすインフルエンザは、二〇世紀に三回、世界的な大流行を起こしたことが知られている。

　一回目は一九一八年に流行したいわゆる「スペイン風邪」である。このときのインフルエンザウイルスの亜型は「Ｈ１Ｎ１」であった。

　二回目は一九五七年に流行したいわゆる「アジア風邪」で、インフルエンザウイルスの亜型は「Ｈ２Ｎ２」。

　そして三回目は一九六八年のいわゆる「香港風邪」で、このときのインフルエンザウイルスの亜型は「Ｈ３Ｎ２」だった。

　こうした世界的大流行のことを「パンデミック」といい、今や多くの人に知られる言葉となった。

パンデミックというほどではないが、一九七七年にはいわゆる「ソ連風邪」が若者層を中心に流行り、このときのインフルエンザウイルスの亜型はスペイン風邪のときと同じ「H1N1」であった。なぜ若年層を中心に流行したかというと、彼らは一九一八年にスペイン風邪が大流行した際にはまだ生まれておらず、したがってH1N1に対する免疫を獲得していなかったからだと考えられている。

パンデミックに対して、毎年流行するいわゆる「季節性インフルエンザ」というのは、かつてパンデミックを引き起こしたH1N1ならびにH3N2のインフルエンザウイルス（大流行したときの名前にちなんで、それぞれAソ連型、A香港型と呼ぶ）と、B型インフルエンザウイルスが原因となっている。

こうした小規模な流行のことを「エピデミック」というが、この言い方はなぜか、パンデミックに比べてあまり知られていない。

それではどうして私たちは、同じ亜型であるはずのウイルスに、毎年のように感染してしまうのか。普通なら一回感染すれば、「免疫」ができるはずなのに、なぜそうならないのだろうか。

その疑問に答える前にまず、インフルエンザウイルスの構造と、その生活環（ライフ・サイクル）についておさらいしておこう。

## インフルエンザウイルスの構造

インフルエンザウイルスの大きさは、直径およそ八〇～一二〇ナノメートルと、通常の風邪（普通感冒）の原因となるライノウイルスよりは大きいが、ポックスウイルスよりは小さい。そして、先に述べたようにエンベロープウイルスであり、表面にはＨＡ、ＮＡなどのタンパク質が多数、外側に向かって突き出ている（図24）。

ＲＮＡウイルスであるインフルエンザウイルスのＲＮＡは一本ではなく、八本ある（図24も参照）。いやむしろ、遺伝子の本体としてのＲＮＡが八本に分かれて存在している、と表現したほうが分かりやすいかもしれない。このように、ウイルスにおいて、遺伝子の本体である核酸がいくつかの「断片」に分かれていることを「分節化」という。ただし、Ｃ型インフルエンザウイルスは七本のＲＮＡに分節化している（表４）。

分節化した八本のＲＮＡのうち、五本にはそれぞれ一種類ずつのタンパク質を作る遺伝子が存在し、三本にはそれぞれ二種類ずつのタンパク質を作る遺伝子が存在する。つまりインフルエンザウイルスのＲＮＡは、合計一一種類のタンパク質を作ることができるというわけだ。

## インフルエンザウイルスの生活環と病原性

では、この我らが憎きインフルエンザウイルスは、はたしてどのような生活スタイルを保有しているのだろうか。第二章を思い出しながら、もう一度復習しておこう。

まず、エンベロープウイルスであるこのウイルスは、エンベロープ表面にあるタンパク質である「HA」などを利用して宿主の細胞の細胞膜表面に「吸着」し、続いて細胞のエンドサイトーシス（五五ページ参照）によって細胞内へと「侵入」する。

こうして侵入したインフルエンザウイルスは、まだ「エンドソーム」という小胞の中に閉じ込められた状態になっている。したがってこのエンドソームの膜と自らのエンベロープを融合し、ウイルスの中にあるRNAを細胞質内に解き放つ「脱殻」が、その次に起こる。

脱殻によってRNAならびにRNAポリメラーゼを含む数種のウイルスタンパク質が放出されると、これらは宿主の細胞核に移動していき、そこで相補的なRNAを合成し、mRNAを作り出す。インフルエンザウイルスのRNAは「マイナス鎖」なのである。

さらにRNA自身も複製し、大量に「合成」されるのと同時に、作られたmRNAからウイルスタンパク質も大量に「合成」される。

そうして、これらRNAとウイルスタンパク質が会合し、新たなインフルエンザウイルスが「成熟」した後、宿主細胞から「放出」されていく。

通常なら、ここで話は終了だ。しかしインフルエンザウイルスの場合、人々の関心も高いので、病原性の高さ、低さに関する重要な現象を紹介しておいたほうがよいだろう。

その重要な現象とは、「ＨＡの開裂」である。

インフルエンザウイルスの「ＨＡ」は、感染した宿主の細胞の中で最初に作られたままでは、じつはうまく機能しない。たとえそのＨＡをもった〝子〟ウイルスができたとしても、その〝子〟ウイルスは、次に感染した細胞内で「脱殻」を行うことができないのだ。

ＨＡは、合成された後、上気道や消化管の細胞が作る特殊な「タンパク質分解酵素」によって二つのパーツに分かれないと、次の感染時の「脱殻」過程に使えないのである。これを「ＨＡの開裂」という（図25）。通常の季節性インフルエンザウイルスは、上気道や消化管の細胞がもつタンパク質分解酵素でなければ「ＨＡ」の開裂が起きないため、そこでしか感染、増殖ができない。

インフルエンザといえば、近い将来必ず来るであろう「新型インフルエンザ」のパンデミックが人々の興味の対象だが、正確に言うとそれは「高病原性トリインフルエンザウイルス」であり、亜型は「Ｈ５Ｎ１」である。

高病原性のものは、上気道や消化管のみならず、全身の臓器で増殖する。その秘密もやはり、ＨＡの開裂にあった。

先ほど述べたように、ＨＡの開裂は、季節性インフルエンザウイルスでは上気道や消化管の細胞で作られるタンパク質分解酵素によって起こるのみであるが、高病原性トリインフルエンザウ

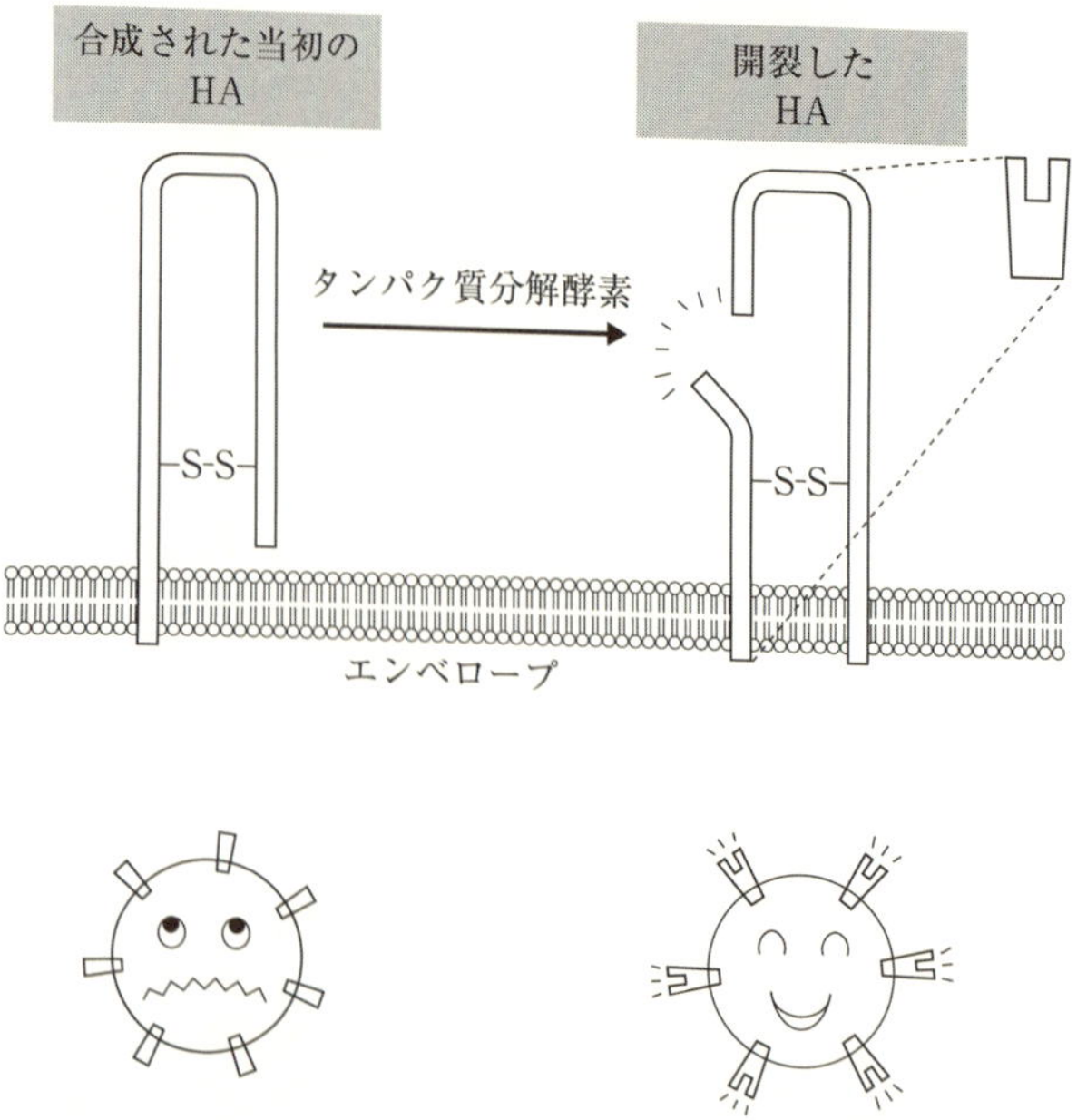


図25　HAの開裂（上図出典：河岡義裕ほか，『インフルエンザパンデミック』，講談社ブルーバックス，p.52より改変）

イルスの場合、全身のどんな細胞にも普遍的に存在するタンパク質分解酵素によってそのＨＡが開裂してしまうため、全身の細胞、組織、臓器で増殖し、全身性の症状があらわれてしまうのである。

なお、Ｈ５をもったインフルエンザウイルスは、一般に高病原性であると考えられているが、中には低病原性のものもおり、Ｈ５Ｎ１のインフルエンザウイルスはその全てが高病原性というわけではないので、注意が必要である。このあたりの詳細については、インフルエンザ研究の第一人者である東京大学河岡義裕教授による著書などに詳しいので、参照されたい（河岡義裕ほか著『インフルエンザパンデミック』講談社ブルーバックス、二〇〇九年など）。

## インフルエンザウイルスと突然変異　〜修復されないミスコピー〜

再び先の疑問に戻ろう。なぜ私たちは、インフルエンザウイルスに対する「免疫」を体内に作ることができず、毎年のようにインフルエンザにかかってしまうのか。

インフルエンザウイルスはＲＮＡウイルスで、そのＲＮＡは、それ自身はｍＲＮＡにはならない「マイナス鎖」だから、これを複製するためには、まずはマイナス鎖を鋳型として「プラス鎖」のＲＮＡを合成し、次にプラス鎖を鋳型としてマイナス鎖を合成する必要がある。このＲＮＡ複製反応を触媒するのが、インフルエンザウイルス自身がもつＲＮＡポリメラーゼである。

さて、このＲＮＡポリメラーゼによるＲＮＡ複製の際に、「複製エラー」が生じると考えられている。ＲＮＡポリメラーゼによる複製時の〝ミスコピー〟のことだ。

世界的なピアニストであっても、ミスタッチをすることはある。どんなに優秀な歌手であっても、ときどき歌詞の一部を間違えることはある。ＲＮＡポリメラーゼといえども完璧ではない。そもそも生物のシステムに「完璧」などというものは存在せず、そこにあるのはただ、より完璧に近づいた形をした〝何か〟に過ぎない。

したがって、RNAポリメラーゼもミスをする。RNAは一本鎖だから、基本的には、マイナス鎖→プラス鎖、プラス鎖→マイナス鎖のそれぞれの合成過程のどちらの場合においても、ミスコピーが起こり得る。

RNAポリメラーゼやDNAポリメラーゼは私たち生物ももっているから、それらのミスコピーは私たちの細胞の中でも起こる可能性はある。ただ私たちの細胞の場合、RNAポリメラーゼがはたらくのは複製過程ではなく「転写」過程だから、そのミスコピーが後代にまで受け継がれることはないし、複製過程ではたらくDNAポリメラーゼの場合でも、たとえミスコピーをしたとしても、それを校正するメカニズムがあるので、ミスコピーのほとんどは修復される。

だがインフルエンザウイルスの場合、RNAポリメラーゼが複製を行うがゆえに、ミスコピーが起こっても、それを修復するためのメカニズムが存在しないため、すぐさま「突然変異」として固定されてしまうのである（図26）。

こうした突然変異が、亜型を決めている「HA」や「NA」の遺伝子に生じると、「HA」や「NA」の形がわずかに変化し、私たちの免疫系が作る「抗体」が効かなくなる（すなわちワクチンが効かなくなる）のである。

もっとも、こうした突然変異は、何もインフルエンザウイルスに限った話ではなく、どんなウイルスでも起こり得る。ただ、DNAウイルスとRNAウイルスを比べると、やはりRNAウイ

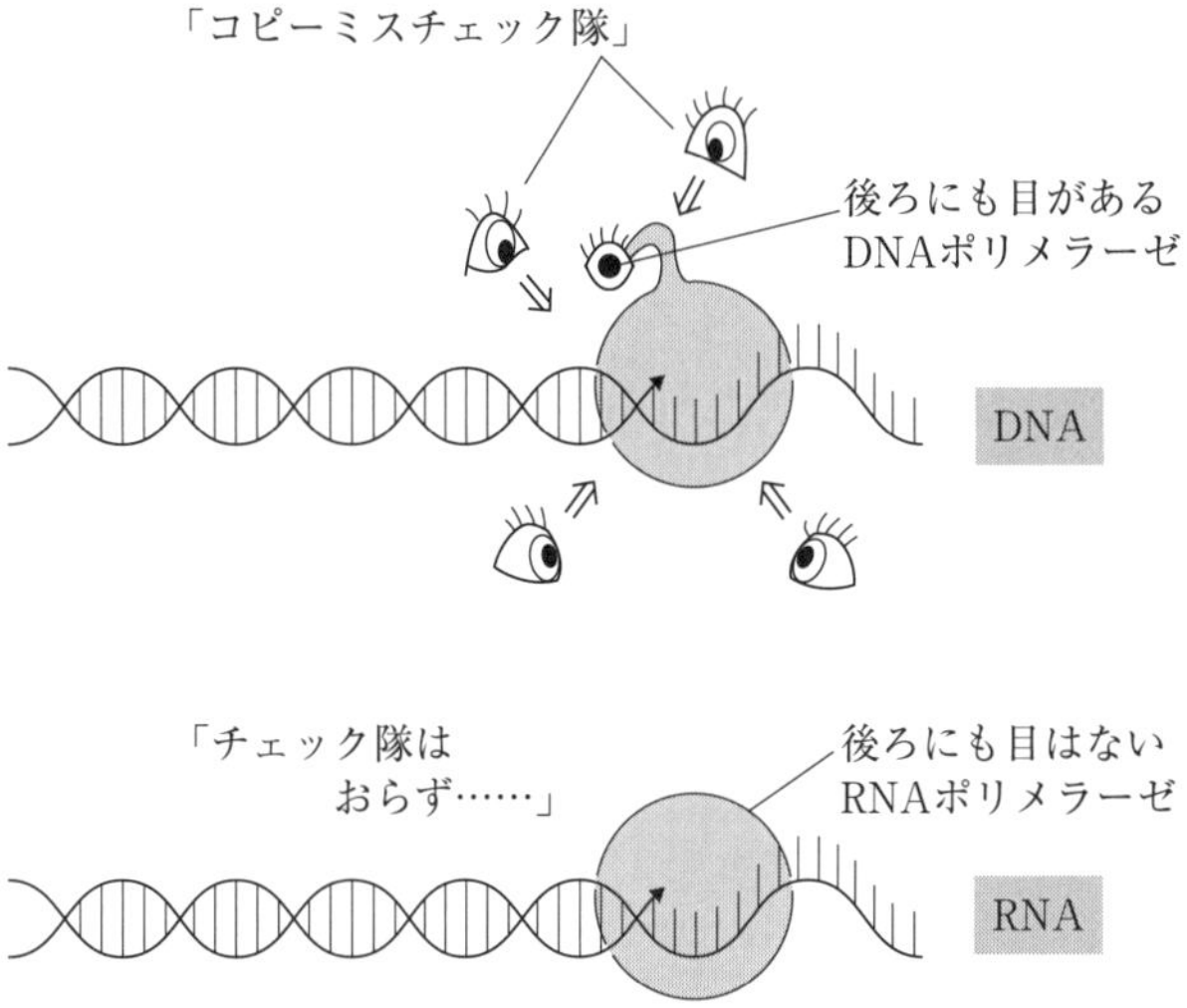
「コピーミスチェック隊」
後ろにも目がある
DNAポリメラーゼ
DNA
「チェック隊は
おらず……」
後ろにも目はない
RNAポリメラーゼ
RNA

図26　RNAポリメラーゼにはミスコピーを修復するメカニズムがない

ルスのほうが、宿主の細胞にRNAの修復メカニズム自体が存在しない分、突然変異しやすいと考えられている。

ただ、インフルエンザウイルスはやはり、他のRNAウイルスに比べても突然変異が起きやすい。しかも「パンデミック」を引き起こすほどの大々的な変化も起こすという。いったいどうしてなのだろうか？

## インフルエンザウイルスと突然変異
### ～組み合わせが変わる～

昨今、子どもたちの間で「カードバトル」なるものが流行っている。筆者の小学生になる息子もその例にもれず、さまざまなカードを集めている――もっとも、博物に興味を抱く子どもたちにとっては、バトルすることのみならず、集めることそのものを楽しんでいるという側面もあるようだが——。

同じ趣味をもった子どもたちが寄り集まることで、お互いにカードを交換し、新たなカードを手に入れることができる。その結果、手持ちのカードの種類、もしくは組み合わせが変化して、新たな戦い方を獲得することができるらしい。

こうしたことは、じつはインフルエンザウイルスが感染した宿主の細胞の中でも起こり得る。といってもインフルエンザウイルスが交換するのはカードではなく、RNAである。

たとえば、通常なら私たちヒトには感染しないトリインフルエンザウイルスは、じつはブタには感染することが知られている。

トリの中でも、とりわけカモに感染するインフルエンザウイルスには、先に述べた「HA」と「NA」の全ての亜型が見つかっている。カモはいわば、インフルエンザウイルスたちの〝ベースキャンプ〟といったところだ。カモに感染はするが、そのカモに病気を起こすことはないから、カモが苦しめられることもなく、インフルエンザウイルスは安穏として、カモの細胞内に隠れていることができる。

さて、カモに感染するトリインフルエンザウイルスがブタに感染したとする。一方、この同じブタに、ヒトに感染するインフルエンザウイルスが同時に感染したとする。一匹のブタの同じ細胞に、トリインフルエンザウイルスとヒトインフルエンザウイルスの二種類のウイルスが同時に入り込んだ、という状態である。

これは仮定の話などではなく、現実に起こっていると考えられていることだ。

ブタに、トリインフルエンザウイルスとヒトインフルエンザウイルスが同時に感染すると、一つの細胞の中に二種類のインフルエンザウイルスがそれぞれ放出されるという事態が引き起こされる。インフルエンザウイルスのRNAは八本に分節化しているから、八本プラス八本、すなわち一六本（一六種類）のRNAが、同じ一つ屋根（細胞）の下で添い寝をするというわけだ。

すると、その細胞の中で、一六本の分節化RNAの間で〝交換〟が生じ、新しい分節の組み合わせをもった、新しいインフルエンザウイルスが生まれるのである（図27）。入ってきたときにもっていた八本と、出ていくときにもちだす八本が異なり、「新しいカードをゲットしたぜ！」という具合になってしまう。

すなわち〝カードの交換〟だ。

全く新しいインフルエンザウイルスができるわけだから、ワクチンも効かない。これまで宿主にはならなかった生物が新たに宿主となってしまうこともある。パンデミックの主要な原因は、じつにこの、インフルエンザウイルス同士の〝カード交換〟にあったのである。

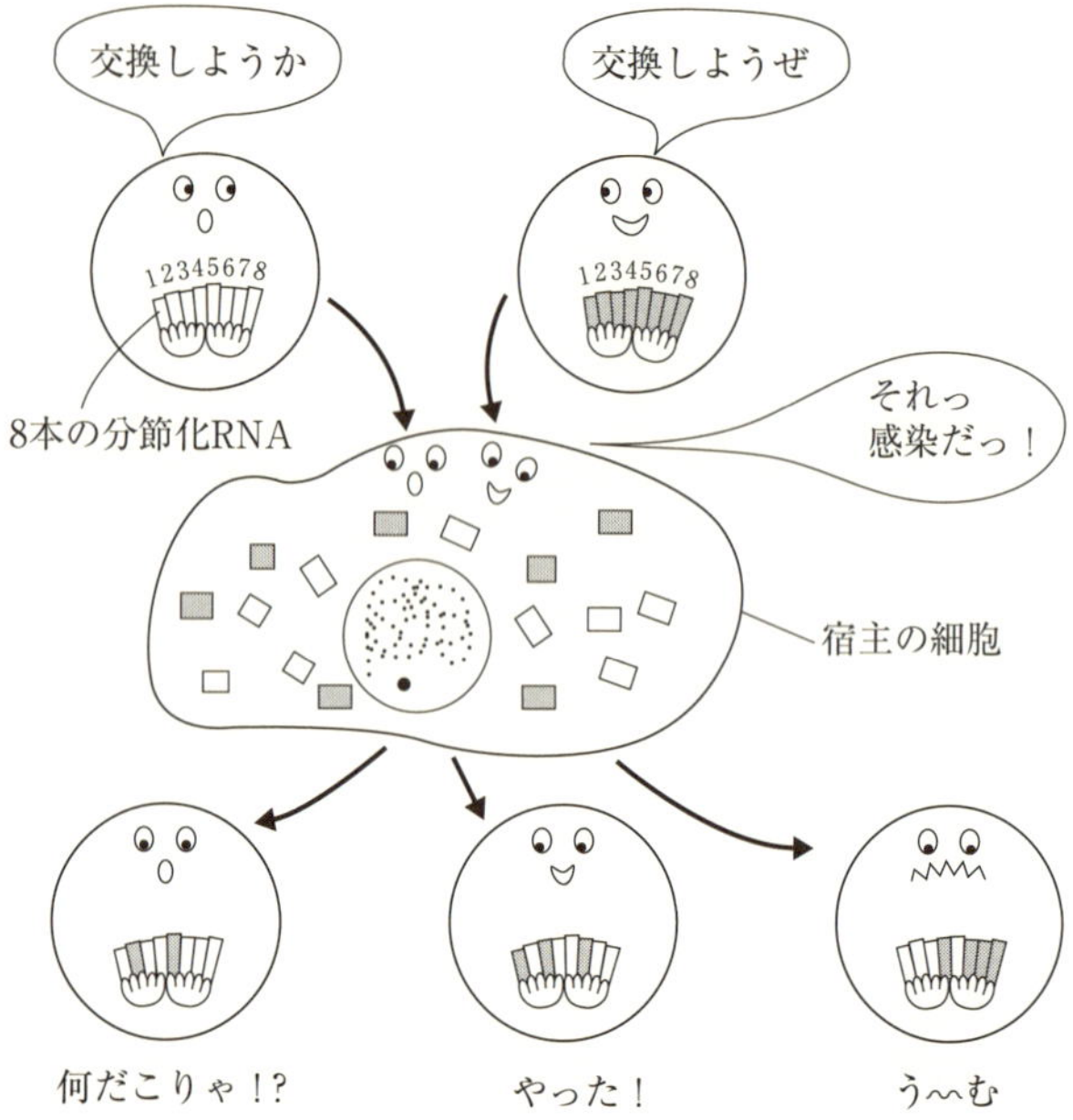


図27　インフルエンザウイルスの「カードの交換」

こうした複数の突然変異メカニズムを駆使しながら、インフルエンザウイルスは短期間のうちに、次々に変異を起こしていくと考えられている。「駆使しながら」というのは人為的であり恣意的な表現なので適切ではないかもしれないが、いずれにせよ、こうしたメカニズムをもっていることにより、インフルエンザウイルスは、感染した細胞の〝持ち主〟である宿主からの免疫攻撃という選択圧にさらされることで、少しずつ〝選択〟され、〝進化〟していくのである。

これが、インフルエンザウイルスに有効なワクチンが開発されず、免疫もできにくい、そして時にはパンデミックを引き起こす最大の理由なのであった。

## 3-4　エイズウイルス、そしてエマージングウイルス

### ヒトT細胞白血病ウイルス

レトロウイルスというウイルスについて、これまでチラチラと登場させてはきたが、ここで本格的に、そのあらましについて紹介することになった。

レトロウイルスとは、自分自身はRNAを遺伝子の本体としてもつが、感染した宿主の細胞の中で、そのRNAからDNAを合成し（逆転写）、そうしてできたDNAを宿主の細胞のDNAに組み込んでしまう性質をもつRNAウイルスのことである（図28）。

なぜ「レトロ」なのかといえば、RNAからDNAを合成する酵素である「逆転写酵素（reverse transcriptase）」をもつウイルス、という意味で「retrovirus」という名がついた、ただそれだけである。昭和レトロなどに代表される「懐古趣味（retrospective）」とは〝友達〟で

もなければ、〃知り合い〃でもない。

それはともかく、ヒトに感染するレトロウイルスとして最初に発見されたのが、小見出しにあるこのウイルス、「ヒトT細胞白血病ウイルス」である。その名の通り、ヒト（成人）のT細胞（リンパ球の一種。その名は、成熟する場である胸腺（thymus）のTに由来する）に感染し、血液のがんといわれる「白血病」をもたらすウイルスだ（図28）。

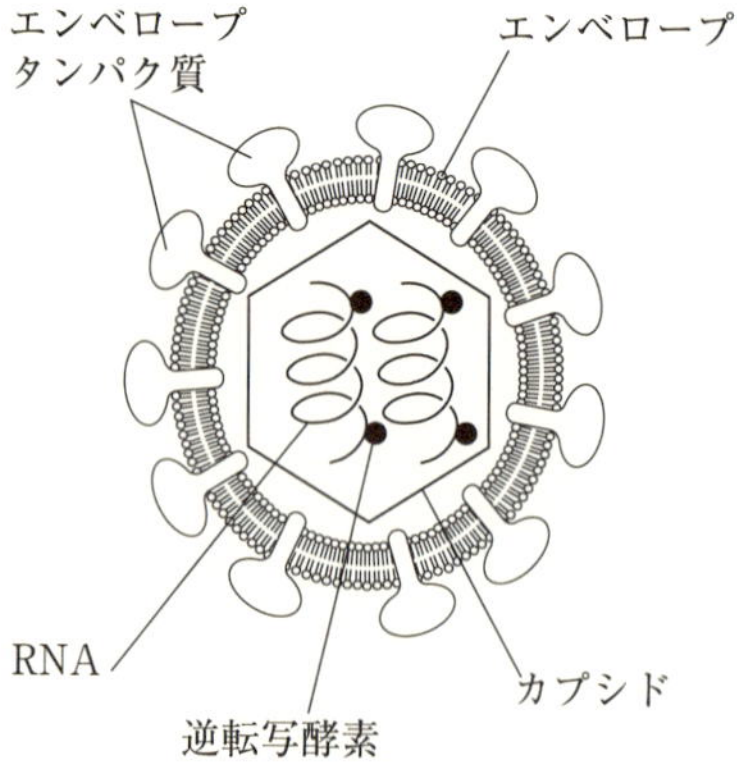

図28　レトロウイルス（ヒトT細胞白血病ウイルス）

一九八〇年に、アメリカのウイルス学者ロバート・ギャロがT細胞腫瘍の一種に罹患した患者から分離したのが最初であり、続いて一九八一年に、京都大学ウイルス研究所の日沼頼夫（現・名誉教授）らが成人T細胞白血病の患者から分離した。後に、この二種類のウイルスはほぼ同じウイルスであることが分かり、ヒトT細胞白血病ウイルス（HTLV）と名づけられたのだった（現在、正式にはHTLV－I）。

このウイルスは、T細胞のうち、特に細胞の表面に「CD4」と呼ばれるタンパク質をつけているT細胞に感染する。こうしたT細胞は「ヘルパーT細胞」と呼ばれ、私たちの免疫システム

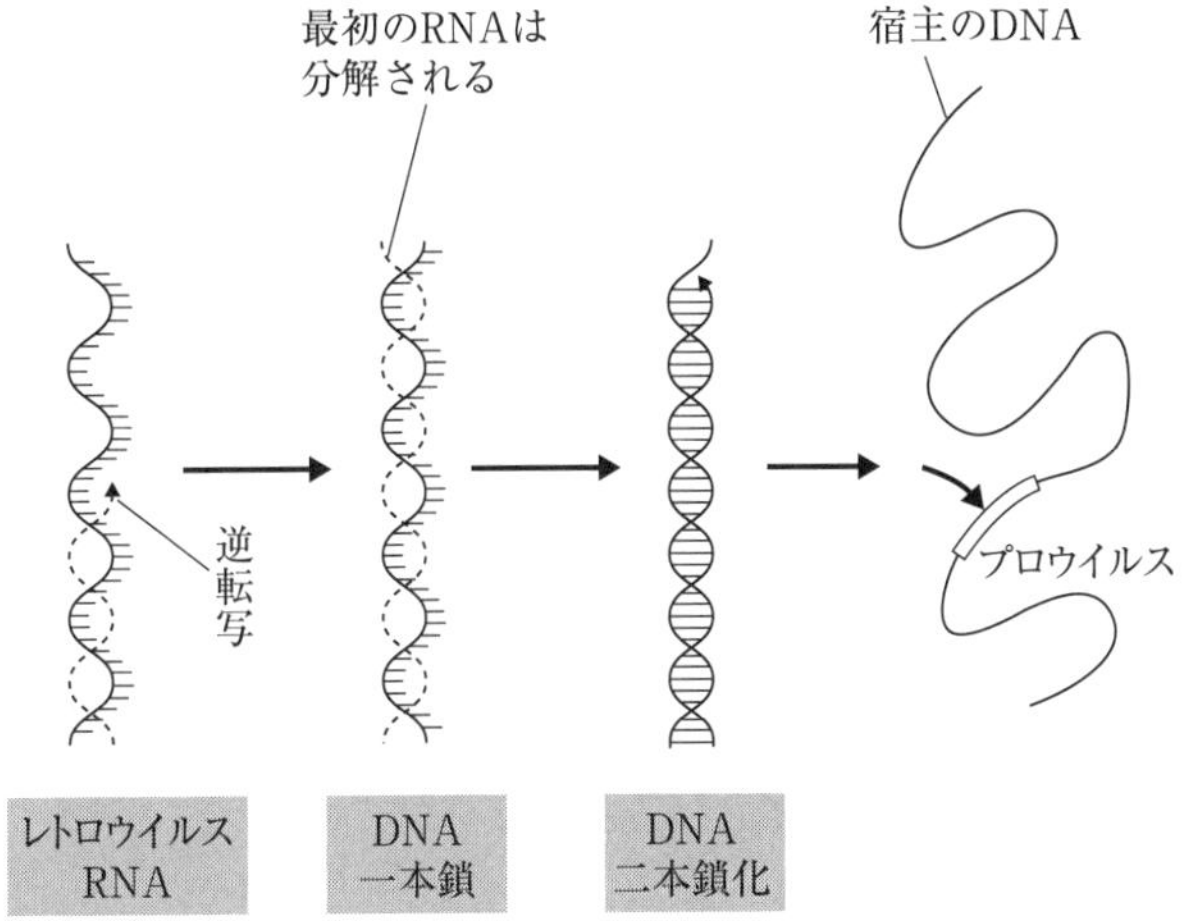


図29　プロウイルスが組み込まれる過程

の「司令塔」としてはたらく極めて重要な細胞である。

そして、逆転写酵素を使って自らのRNAからDNAを合成し、それをT細胞のDNAに組み込んでしまう。こうして組み込まれたウイルス由来のDNAを「プロウイルス」という（図29）。

ウイルスにプロもアマもない、と思われるかもしれないが、この場合の「プロ」はプロフェッショナルのプロではなく、ウイルスになる前のものという意味でつけられた「プロ（pro-：～の前の、という意味）」である。

なんてことをするのだと思っていると、不思議なことにHTLVはそのまま、通常はおとなしくなってしまう。プロウイルスとなったまま、増殖することなくT細胞の中にひっそりと隠れている状態となる。

ウイルスが感染してプロウイルスとしてその細胞中に存在しているにもかかわらず、かなり長い期間（およそ一〇～五〇年）、宿主たる本人は病気を発症しないのである。このような状態を「キャリアー」という。

日本人にはこのキャリアーがじつに多く、およそ一〇〇万人ものヒトがＨＴＬＶのキャリアーであると考えられている。そして、この多数のキャリアーのうち、年間におよそ一〇〇〇人に一人程度が、実際に成人Ｔ細胞白血病を発症するのだという。

日本人の一〇〇人に一人の割合で、その体内に潜んでいるとは、なんとも不気味なウイルスだが、飛沫感染などはせず、基本的には性行為による男女間感染、授乳による親子感染がメインであるため、ＨＴＬＶの感染と血縁関係との相関が強く、特に日本人の文化人類学的研究に利用されることがある。事実、ＨＴＬＶのキャリアーの割合は、わが国では「西高東低」であり、九州地方でその割合が高いことが知られている。

## ヒト免疫不全ウイルス

レトロウイルスのうち最もよく知られているのが、ヒト免疫不全ウイルス（ＨＩＶ）であろう。

言うまでもなくＨＩＶは、後天性免疫不全症候群、いわゆる「エイズ」を引き起こす原因ウイルスである。エイズとは、免疫系がうまくはたらかなくなることによって、普段なら感染しないような病原体に感染する「日和見感染」を起こしたり、がんを患ったりして、最終的には免疫系の不全によって死に至る、そうした全体的な症状に対して与えられた名前だ。

このウイルスは、一九八〇年代に急速に感染が広がり、それがほぼ致死的であることから、人々の関心も急激に高まった。

わが国では、血友病患者の治療に用いられる血液製剤にＨＩＶが含まれていたことから、いわゆる「薬害エイズ」の名で知られることにもなった。

ＨＩＶも、先ほどのＨＴＬＶと同様に、細胞膜表面に「ＣＤ４」をつけているＴ細胞、すなわちヘルパーＴ細胞に感染する（図30）。

ＣＤ４というのは言ってみれば、「私がヘルパーＴ細胞なのよ」と〝自己主張〟するための「目印」であるとも言える。自己主張するだけでなく、きちんとした重要な役割もあるが、それについては本書では割愛する。

ヘルパーＴ細胞は、「インターロイキン」と呼ばれるタンパク質を分泌することで、これを受け取った他のＴ細胞（細胞傷害性Ｔ細胞など）や、〝免疫応答の飛び道具〟として知られる「抗体」を作るはたらきをもつＢ細胞が活性化され、免疫反応が促進されるというのだから、ヘルパーＴ細胞が免疫の〝司令塔〟と呼ばれるのもうなずけるというものだ。

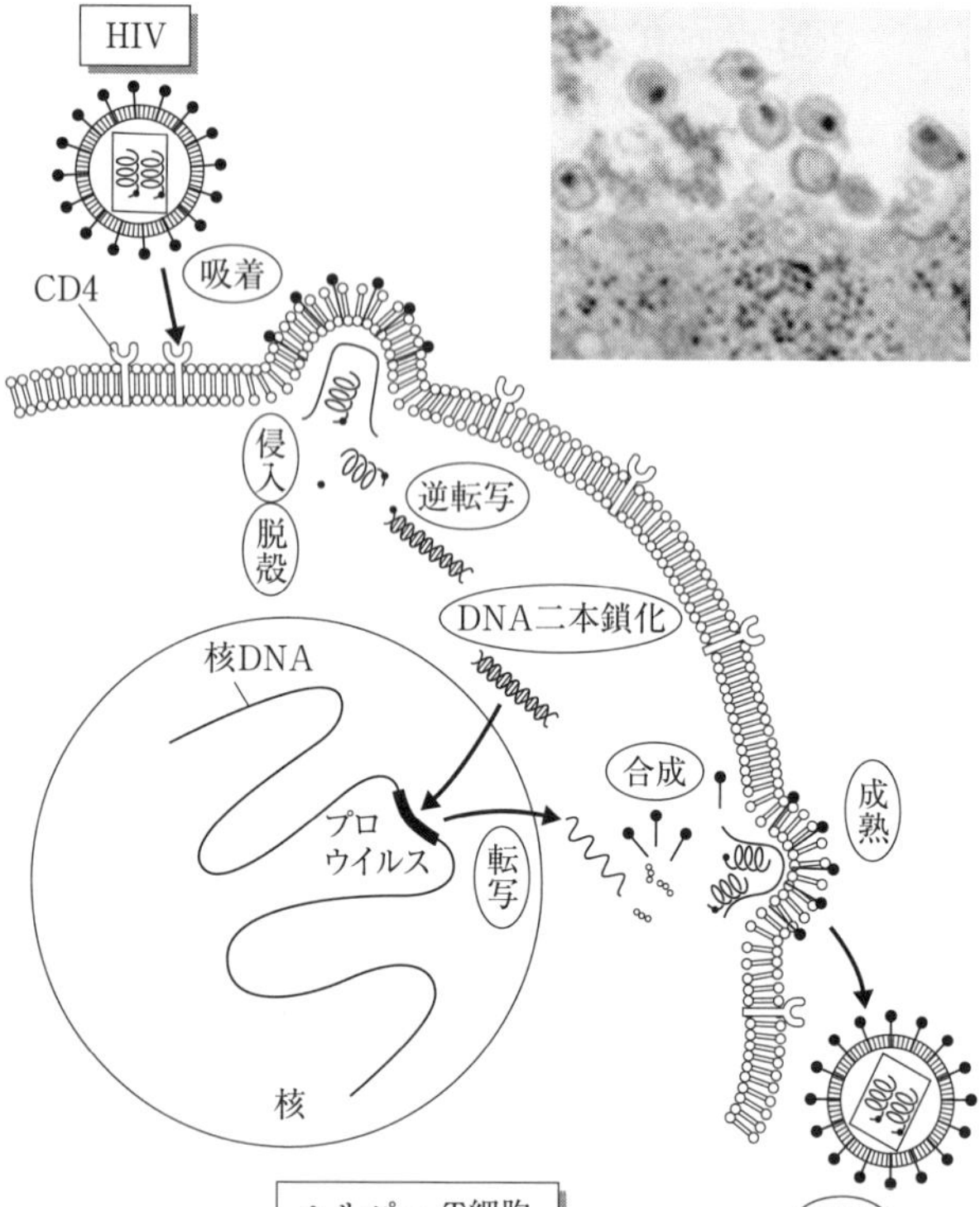


図 30　HIV によるヘルパー T 細胞への感染。右上は HIV の電子顕微鏡写真

ＨＩＶはこの「司令塔」に感染し、そのはたらきをブロックしてしまうわけだから、宿主としてはたまったものではない。

しかも、ヘルパーＴ細胞だけでなく、ＨＩＶは「マクロファージ」と呼ばれる細胞にも感染する。マクロファージは「食細胞」と呼ばれる白血球の一種で、とにかく何でも喰う免疫細胞としても知られるが、侵入してきた外敵の情報をヘルパーＴ細胞に提供するという重要な役割ももつため、ＨＩＶによるマクロファージへの感染とその破壊は、免疫系にとって大きなダメージとなる。

さて、こちらも第二章で述べたことの復習になるが、エンベロープウイルスであるＨＩＶは、そのエンベロープに存在するタンパク質「ＥＮＶ」を使ってヘルパーＴ細胞のＣＤ４に結合した後、エンベロープをＴ細胞の細胞膜に融合させるようにして、その内部へと侵入する。

そうしてＴ細胞内で脱殻し、放出したＲＮＡから、逆転写酵素を使ってＤＮＡを合成し、Ｔ細胞のＤＮＡに組み込んで、プロウイルスとなる。

プロウイルスとなったＨＩＶのＤＮＡからは、ＲＮＡポリメラーゼによってＨＩＶのＲＮＡ（プラス鎖）が作られ、タンパク質も合成されて、最後に大量に成熟した新たなウイルスが、Ｔ細胞表面から飛び出していく（図30）。

ＨＩＶは、ヘルパーＴ細胞の中に入り込み、その細胞の仕組みを乗っ取って、気ままに行動するのである。その結果として、HIVに入り込まれたヘルパーT細胞は機能しなくなり、免疫不全（体の免疫システムがうまくはたらかない状態）に陥ってしまう。

ただし、HIVの感染からエイズの発症までの期間は比較的長く、平均して約一〇年といわれている。おそらくこの間にHIVは、ヘルパーT細胞やマクロファージへの感染を通じて遺伝子の突然変異を起こしつつ、潜伏しながら宿主の免疫系との〝バトル〟を繰り広げ、徐々に免疫系の主要な細胞の数を減らしていき、最終的にエイズを発症させるのであろう。

HIVを世界で最初に分離することに成功したのはフランスのウイルス学者リュック・モンタニエである。彼はリンパ節からこのウイルスを分離したため、当初これに「LAV（lymphadenopathy-associated virus）」と名づけたが、後にHIVと命名された。モンタニエはその業績によって、共同研究者のフランソワーズ・バレ＝シヌシとともに、二〇〇八年のノーベル生理学医学賞を受賞している。

ちなみに、モンタニエと、前述したギャロとの間に勃発したHIV発見論争は有名である。ギャロは、HTLVをエイズの原因ウイルスであると当初主張していたが、結局すったもんだの挙句、モンタニエが勝利したのであった。本書の本筋とは全く関係ないことなので詳細は述べないが、このあたりの〝人間臭い〟やり取りについては、すでに書籍やネット上に氾濫しているので、適当にご覧いただければ幸いである。

## エマージングウイルスとは何か

かつてエイズもそうだったが、世界ではときどき、それまでに見られなかった原因不明の感染症が流行ることがある。

たとえば、「エボラ出血熱」という奇妙な病気が、アフリカ諸国で流行しはじめた際、わが国でもある程度、話題になったことを記憶されている方は多いだろう。わが国で話題になったのは、一九九五年のザイールにおける大流行と、二〇〇〇～二〇〇一年のウガンダでの大流行の際であるが、そもそもこの病気の原因ウイルスは、一九七六年にアフリカのエボラ川流域で最初に「エマージ」したウイルスである「エボラウイルス」だ。

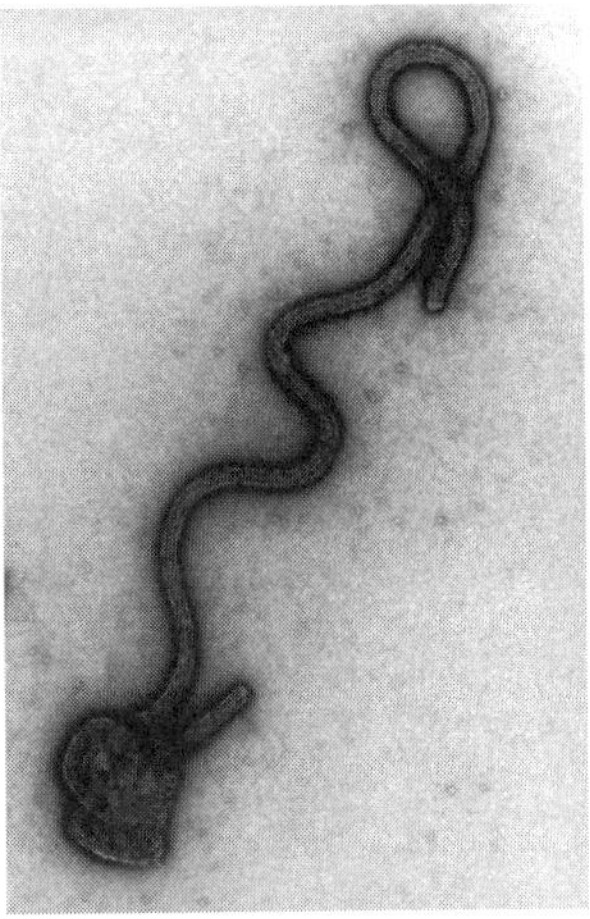

図31　エボラウイルス

エボラウイルスは、「フィロウイルス科」に属するウイルスで、「フィロ」の名の由来（「繊維」という意味の filament）からも分かるように、繊維状の形をしたＲＮＡウイルスである（図31）。またエンベロープウイルスであり、感染者の血液や精液などとの接触や、汚染された注射器などを介して感染する。

エボラウイルスに感染すると、発熱、頭痛といった初期症状の後、消化管をメインとして体中の組織、器官からの出血が認められ、やがては死に至る。今しがた述べたように、空気を介した感染ではなく、患者の体液などに触ることによる感染がほとんどであるから、患者に近づきさえしなければ感染しない。

このエボラウイルスのようなウイルスを「エマージングウイルス」という。

エマージ（emerge）とはすなわち、「新たに発生する、出現する」という意味だから、そのままの意味をとれば、エマージングウイルスとは「新たに出現したウイルス」ということになる。日本語では「新興ウイルス」という。

しかし、じつはこの名称は、ウイルスというものに対する大きな誤解を与えかねない。

先ほどもインフルエンザウイルスの「新型」という表現に関するところでも述べたように、エマージングウイルスといっても、あるとき全く唐突に、「ウジが自然発生する」というのと同じイメージで〝突然生まれる〟わけではないからだ。

現在、ヒトに感染して病気を起こすウイルスは、それ以前にはヒト以外の動物に感染していた。本来ウイルスとは、その宿主と共存共栄してきた存在であるはずだ。さらにまた、世界中で感染者が報告されているウイルスでも、かつてはある限られた地域で、低頻度の感染症、すなわち「風土病」の原因ウイルスに過ぎなかったこともあったはずである。

野生動物に感染するウイルスが、何らかのきっかけでヒトに感染するようになったとき、また風土病の原因に過ぎなかったものが、現代というボーダーレス時代に切り拓かれた他の地域へと拡散していったとき、私たちは驚き、あわてふためき、〝エマージングウイルス〟という名を与えるのである。

## さまざまなエマージングウイルス

エボラウイルスは、もともとはオオコウモリを宿主としていたウイルスだったと考えられている。それが何らかのきっかけでヒトに感染した。先進国のように医療設備が整った場所であったら、上記のように、患者に近づきさえしなければ決して感染しないウイルスだから、それほどの流行を引き起こすことはなかっただろう。けれども、当時のザイールは医療環境が劣悪で、注射器の使いまわしなどが常態化していたと考えられており、それが大流行を引き起こす原因になってしまったようだ。こうした医療環境の劣悪ささえなければおそらく、オオコウモリと共存していたこのウイルスは、我々ヒトにそれほど知られることもなく、〝エマージングウイルス〟などといわれることもなかっただろう。

きっかけは、さまざまだ。

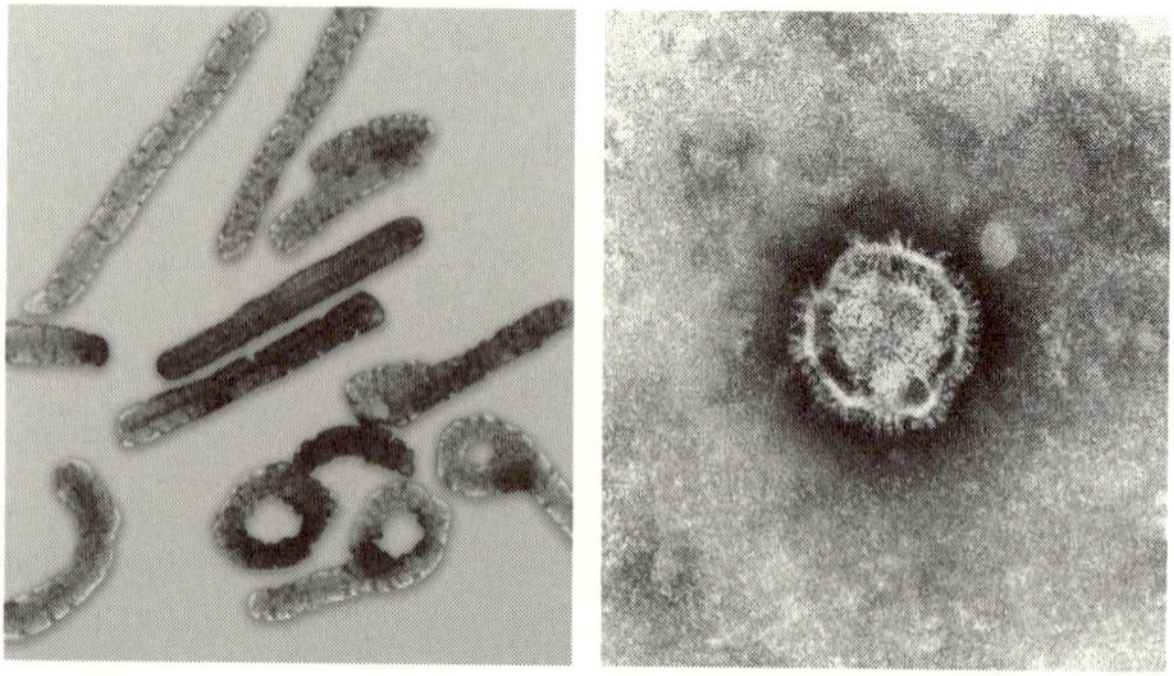

図32　マールブルグウイルス（左）、SARSウイルス（右）

エボラ出血熱よりもさらに古く、一九六七年にドイツで「エマージ」した「マールブルグ出血熱」は、ポリオウイルスワクチン（コラム1参照）を作るためにアフリカミドリザルの腎臓細胞を扱っていた人たちの間で流行したものである。その原因ウイルスは、エボラウイルスと同じフィロウイルス科に属するＲＮＡウイルス、「マールブルグウイルス」だ（図32左）。

医療環境がきっかけとなったといえば、ＨＩＶもそうだろう。もともとはチンパンジーを宿主としてひっそりと生息していたこのウイルスは、おそらくは偶然にヒトに感染した後、注射器の使いまわしなどによって急速に広まったのだった。

一方で、人間活動の変化がきっかけとなる場合もある。たとえば、エジプトのアスワンハイダムの完成が、ヒトや家畜の行動パターンの変化をもたらし、ヒツジやウシを宿主とする「リフトバレー熱ウイルス」によるリフトバレー熱が、エジプトを中心として大流行したという事例（一九七七年）があった。
リフトバレー熱ウイルスはＲＮＡウイルスで、「ブニヤウイルス科」に属する。エンベロープウイルスであり、そのＲＮＡは三つの分節よりなる。蚊を媒介者として、家畜からヒトへと感染する。一九九七年のケニアとソマリアでの大流行では、大雨によって蚊が大発生したことが原因であると考えられている。

二一世紀初頭には、「ＳＡＲＳウイルス」というウイルスが世間をにぎわした。ＳＡＲＳウイルス（正確にはＳＡＲＳコロナウイルス）は、ＲＮＡウイルスである「コロナウイルス科」に属するエンベロープウイルスである（図32右）。こちらは飛沫感染するため、それまでのエマージングウイルスよりも急速にヒトからヒトへと感染し、その結果、二〇〇二年に中国広東省で発生したＳＡＲＳ（重症急性呼吸器症候群）が、またたくまに全世界に広まった。二〇〇三年七月にはＷＨＯからＳＡＲＳ流行の終息宣言がなされたが、その後も細々と感染が報告され続けている。

ＳＡＲＳウイルスがどのように「エマージ」したのかは定かではなく、中国で食用に供されているハクビシンが原因ではないかとも考えられた。本当にハクビシンなのか、もしそうならハクビシンは単なる媒介者なのか、もともとのウイルス保有動物であるのかについて議論が続いたが、現在ではキクガシラコウモリが媒介者であると考えられるようになっている。

## ウイルスは生物とともにある

エマージングウイルスが私たちに示してくれた〝教訓〟は、おそらくこうだろう。

第一に、私たちが経験したことのないウイルスは、じつはどこにでもいるということ。

第二に、ウイルスと野生生物は、常に共存しながら生きてきたということ。

第三に、ウイルスを知るためには、生物の進化や生態を知らなければならないということ、そして生物の進化や生態を知るためには、ウイルスについてより詳しく知っておいたほうがよいということ。

目に見えないものに対して、私たちは時に過剰なまでに恐れ、時に過剰なまでに無防備、無関心となる。ウイルスに対する態度こそ、まさにそれだ。そうした態度は、なまじ知識を得てしまったがゆえの、矛盾を含むナイーブな心の動きであるとも言える。まあヒトらしいといえば、ヒトらしい。

ヒト以外の生物たちは、もちろん私たちが認識するようにウイルスを認識しているわけではないとは思うが、そのような存在に一喜一憂することなく、平常心で生活しているように我々には見える。おいおい、そんなんで大丈夫なのか？　などと私たちに思わせることもなく。

しかし、それが生物本来の姿である。

生物は、ウイルスとともに生活し、世代交代し、種を維持し続けてきたし、時には大きな変化を伴って、進化へと続く階段を登ってきた。先に述べたように、本来ウイルスは、生物と共存共栄してきた。ウイルスは、宿主に対して病気を引き起こすことが第一の目的ではなかったはずである。そうでなければ、宿主が死に絶えるとともに、ウイルス自身も死に絶えてしまっただろう。

あるコミュニティーの中で順応してきたある生物が、いきなり外の未知なる世界に放り出されたとき、その生物自身に何が起こるかも分からないし、その生物がその未知なる世界にどのような影響をもたらすかも分からない。ウイルスだって同じである。

しかしながら生物たち、そしてウイルスたちはそれらをかいくぐって生き、そうして進化してきた。

エマージングウイルスは、まさに、この例にある〝生物〟と同じ立場でもって、私たち人間社会に大きな影響をもたらしたものたちだったわけだが、本来は、ヒト以外の生物を宿主とした共存共栄の道を、ずっと歩いてきたものたちだったはず。

そうなると必然的に、次の疑問がわいてくる。

ウイルスは、私たち生物の進化に、いったいどのように関わってきたのだろうか、という疑問である。

「病原体としてのウイルス」という視点は、あくまでも進化の道筋からやや逸れて、ヒトという新たな宿主に対して〝エマージ〟してしまったところに待ち構えていた視点であった。そうではなく、本来のウイルスの姿としての、「生物と共存共栄してきたウイルス」という視点をもつことこそが、ウイルスと生物進化との関係を解明するうえでは重要であろう。

それには、これまでの「病原体としてのウイルス」から一転して、生物とともにあった「伴侶」としてのウイルスの姿について見てみる必要がある。次章以降で、できるところまで紐解いていくことにしよう。

## コラム2　役に立つウイルスたち（その2）～工業分野で用いられるウイルス～

植物に感染するウイルスの一つ「タバコモザイクウイルス」（図1も参照）が最も特徴的なのは、直径が一八ナノメートルしかないくせに、長さが三〇〇ナノメートルもあるなど、めちゃくちゃ細長いウイルスだということである。およそ「ウイルス」という言葉に代表される私たちのイメージを逸脱した存在だ――もっとも、エボラウイルスもマールブルグウイルスも細長いが――。

このウイルスのカプシドタンパク質は一種類で、それがらせん状に、あたかも煉瓦がレンガハウスを作るかのごとく、縦に二一三〇個も積み重なることで、長い「棒」を形作る。

その結果、カプシドの内部には細長い空間ができ、そこに核酸であるＲＮＡが格納されている。

じつはこの空間を使って、ナノマシン（微小器械）を作るという試みがある。

ナノエレクトロニクスの分野においては、ナノサイズの配線を可能にする導電性のナノワイヤの作製が必要不可欠だが、タバコモザイクウイルスの内部空間は上述のように細長く、そうしたナノワイヤの「鋳型」として最適であると考えられたのだ。

これまでに、ドイツ・マックスプランク研究所の研究グループが、タバコモザイクウイルスの内部空間を利用して、ニッケルとコバルトのそれぞれのナノワイヤの合成に成功しており（引用文献は Knez M et al.（2003）：巻末参照）、わが国では、奈良先端科学技術大学院大学の山下一郎教授の研究グループが、同じく白金コバルト合金と白金鉄合金のそれぞれのナノワイヤを作ることに成功している（引用文献は Tsukamoto R et al.（2007）：巻末参照）（図33）。

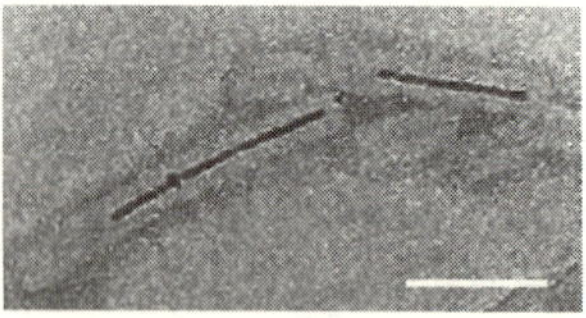

図33　タバコモザイクウイルスを用いてナノワイヤを作る。細長いウイルスの“体内”に、黒いナノワイヤが作られているのが分かる。白線は 50 nm を表す（出典：Tsukamoto R et al.（2007）Synthesis of CoPt and $FePt_3$ nanowires using the central channel of tobacco mosaic virus as a biotemplate. *Chem. Mater.* 19, 2389-2391.）

ウイルスは、材料さえあれば宿主の細胞の中でどんどん増殖するので、このメカニズムを何らかの形で利用すれば、ナノマシンも簡単に大量生産できると考えられる。たとえばタバコモザイクウイルスなどはカプシドタンパク質がいくつつながってできているかがすっきりと決まっていて、その内部空間の形も決まっているため、同一規格のナノマシンが、寸分の狂いもなく大量に作れると考えられているのである。

# 第四章

# ウイルスは生物進化に関わったのか

ヒトはウイルスに対していろいろとやきもきしているが、ウイルスのほうはといえば、ヒトなどいようがいまいが関係なく、この大自然に抱かれて生きてきたはずだった。生物であろうとウイルスであろうと、なるべくしてそのような関係になったのである。

一蓮托生という言葉は、よい行いをした人間たちは、極楽で同じ蓮の上に身を託し、生まれ変わるという教えから生まれた言葉だが、ウイルスと生物は、はたしてどうなのか。常に同じ運命を背負うのか。それともそうでないのか。

ウイルスは太古の昔、どのくらいの頃から存在し、私たち生物とどう関わってきたのか。

本章以降の章で、生命の歴史をたどりながら、ウイルスと生物の関わりを紐解き、ウイルスの本質に迫っていくことにしよう。

## 4−1　哺乳類の進化におけるウイルスの役割

### 生物の進化とトランスポゾン

二〇〇三年、ヒトのＤＮＡの全ての塩基配列（ヒト・ゲノム）が分かった。このとき、タンパク質の設計図たる遺伝子がＤＮＡ全体のたった一・五パーセント程度であることが分かったが、これ以外にも、生物の進化を考えるうえで非常に示唆的で、かつ重要そうな情報も明らかになった。

面白いことに、私たちヒト・ゲノムのゆうに半分が、何らかのウイルスに由来する塩基配列らしいことが分かったのである。

具体的に言うと、かつてレトロウイルスが感染し、そのＲＮＡから逆転写されたＤＮＡが私たちのゲノムに組み入れられて残った塩基配列と、かつてＤＮＡウイルスが感染し、それが私たちのゲノムの中に残った塩基配列（そのメカニズムはよく分からない）が、私たちヒト・ゲノムの半分弱を占めているらしいのである。

前者を「レトロトランスポゾン」、後者を「ＤＮＡトランスポゾン」という。

トランスポゾンは、その名の由来である「transpose（置き換える、転置する）」から推測されるように、長い進化の過程で、生物のゲノムの中でその場所を変えることが知られており、「動く遺伝因子」などともいわれる。レトロトランスポゾンなどは、レトロウイルスに由来するらしく、いったんＲＮＡが転写された後、そのＲＮＡをもとにして再びＤＮＡができ、それがゲノムの別の場所に入り込む性質をもち、したがって数を増やしながら動くという特徴がある。いわゆる〝コピー・アンド・ペースト〟の方式で〝増殖する〟のである――もちろん、世代を超えた長い進化的時間の間に——（図34）。

こうしたトランスポゾンが、私たち生物の進化に大きな影響を与えてきたと考えられている。

とりわけレトロトランスポゾンは、私たち哺乳類が誕生したあたりに劇的に増えたこと、哺乳類のうち私たちヒトのグループである霊長類の進化にも、レトロトランスポゾンの一つである「*Alu*」という塩基配列が大きく関わっていて、霊長類のゲノム中の「*Alu*」の数は、他の哺乳類に比べても極端に多いことが知られている。ヒトの場合、ゲノム中におよそ一二〇万コピーも存在するのだ！　ゆうにヒト・ゲノムの一一パーセントは、「*Alu*」でできているということになる。

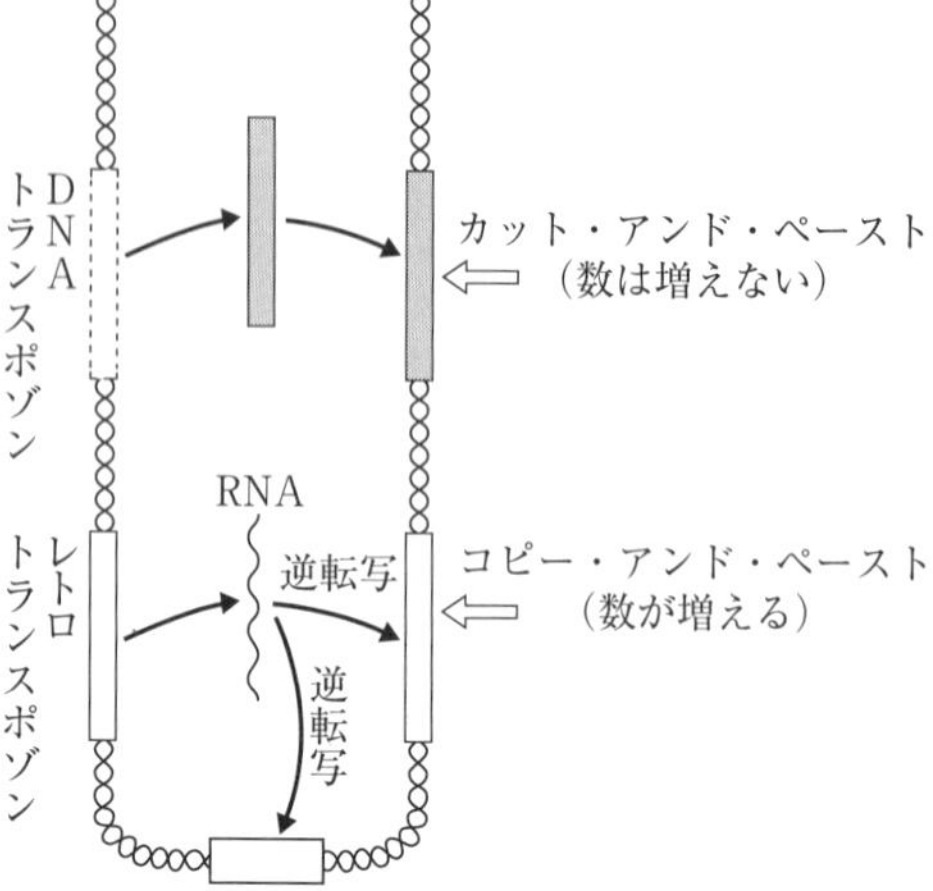

図34　DNAトランスポゾンとレトロトランスポゾン

それではこれらウイルスに由来するDNAが、いったいどう私たちの進化に関わってきたのだろうか。

## レトロウイルスから遺伝子への進化

子どもの頃、「かくれんぼ」をしたことがある人は多いだろう。

大人がいなくなった広い家の中で、ほの暗い押入れの中に隠れ、「鬼」となった友達が探しに来るまでを、一人でひっそりと、息をひそめて待つ時間。

夕闇が押し寄せる神社の境内の、奥まった岩陰に一人座して鬼を待つ間に、びょうびょうと吹き荒ぶ北風に寒さを耐えしのいだ、永遠に続くのではないかとさえ思えたあの時間。

あのとき、もし鬼が探しに来てくれなかったら……もし鬼が私を見つけてくれなかったら……もし私のことをみんなが忘れ去ってしまったら……。

そんな恐怖に打ち震えた経験をおもちの方もおられるに違いない。

レトロウイルスたちは、まさにそんな経験をしていたようである。

繰り返しになるが、レトロウイルスとは、感染した宿主の細胞の中で、逆転写酵素を使ってRNAからDNAを合成し、そのDNAを細胞のDNA中にウントコセと組み込んでしまうウイルスのことだった。

こうして組み込まれたDNAは「プロウイルス」と呼ばれ、やがて来るべき時まで、細胞のDNAの中でじっとしていることが往々にしてあった（一二三ページ参照）。

今からおよそ二五〇〇万年前、まだヒトがこの世に生まれていなかったはるか昔のこと。哺乳

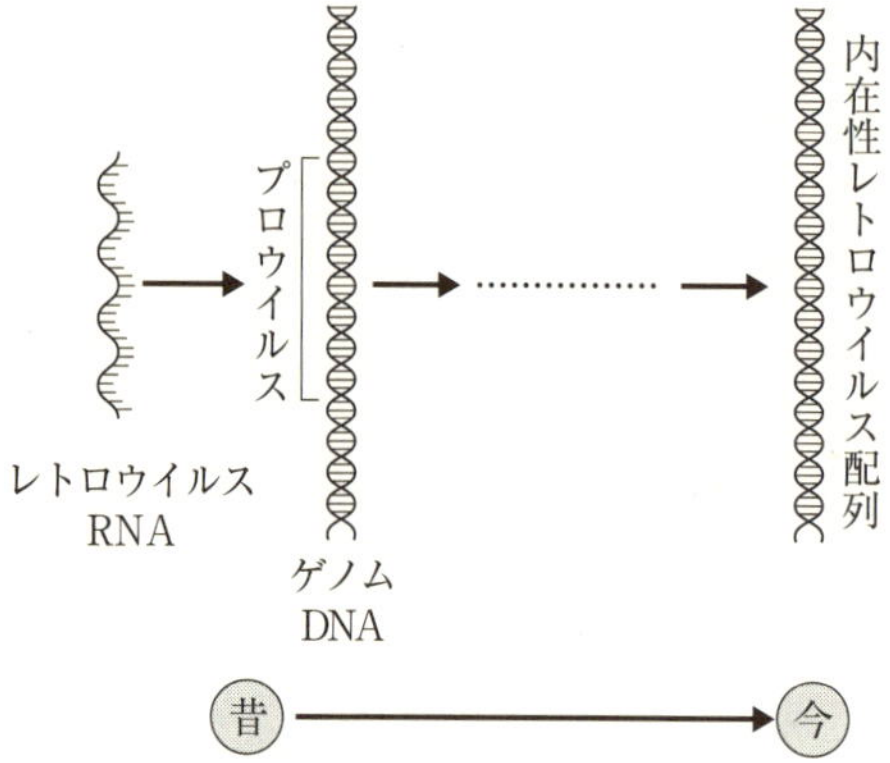


図35　内在性レトロウイルス

類のとあるグループに、あるレトロウイルスが感染した。しかも、体細胞ではなく、生殖細胞に！

その後の変遷はよく分からないが、このレトロウイルスが哺乳類のとあるグループ「有胎盤類」（の祖先）に感染した「証」が、じつは現在の私たちのＤＮＡにきちんと残っている。

その「証」の名を「内在性レトロウイルス配列」という。

内在性レトロウイルスとは、宿主の生殖細胞に感染し、そのＤＮＡに入り込んでしまったものをいい、通常、〝子〟ウイルスを作ることなく、じっと息をひそめている。言ってみれば、かつてレトロウイルスが私たちの祖先の細胞に感染してできた、プロウイルスの成れの果てである、とも言える（図35）。

とはいえ、いきなり生殖細胞の中に外から入り込んだのではなく、「外来性レトロウイルス」として普通に体細胞に感染したレトロウイルスが、長い年月を経るうちに生殖細胞に入り込んでしまったものが内在性レトロウイルスとなった、というのが正しい理解のようである。たいていの場合、それはすでに、レトロウイルスとしての機能を失ってしまっている。言ってみれば、プロウイルスの時代が長く、宿主の細胞のＤＮＡ中に「隠れている」間に、あまりにも長い時間が経過し、突然変異が重なり、おのれがプロウイルスであることすら〝忘れてしまった〟かのように振舞っているのである。

子どもの頃に経験したあの「かくれんぼ」の恐怖は、忘れられたか忘れたかの違いはあるかもしれないにせよ、分子レベルにおいては、レトロウイルス（のプロウイルス）がすでにして経験したことだったのだ。

ところが、こうしてかつてプロウイルスだったことを〝忘れ去ってしまった〟かのように見えた内在性レトロウイルス配列が、悠久の時を経て、全く新しい遺伝子としてはたらき出すという驚くべき事例が、私たちヒトを含めた哺乳類で、見つかったのである。

## 胎盤

哺乳類は、その名の由来の通り、子どもに乳を与え、養育する生物である。豊満な乳房をもつ河童がもしいるとしたら、彼女は哺乳類に違いない。

タヌキ、キツネは言うに及ばず、ネコ、イヌ、ネズミ、ウマ、ウシ、ヒツジ、トラ、ライオ

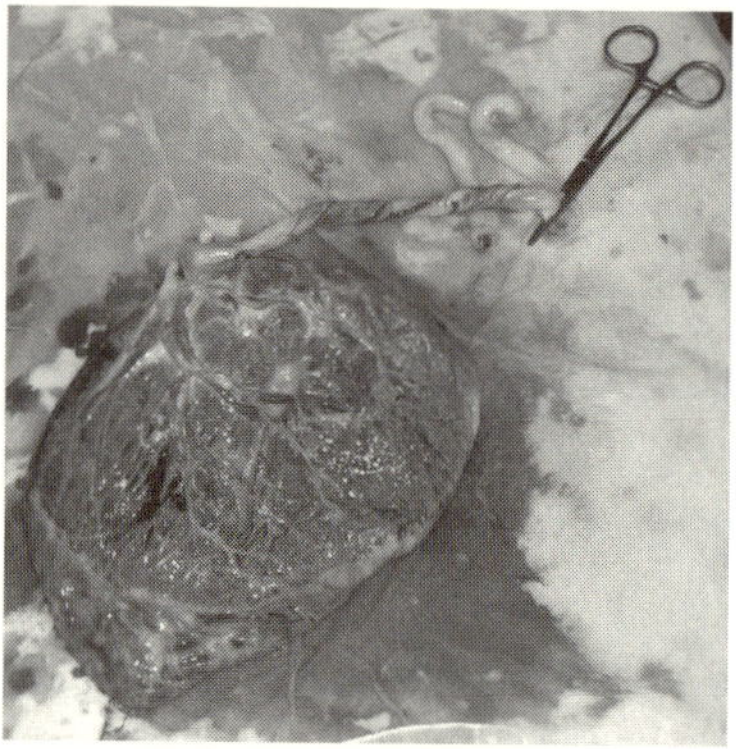

図36　胎盤。血管が縦横に走っている様子が分かる。右上方に伸びているのが「へその緒」で、分娩時には胎児とつながっている

ン、ゴリラなど、私たちに身近な動物たちは、そのほとんど全てが哺乳類である。

カンガルーなどの「有袋類」やカモノハシなどの「単孔類」を除いた、これら私たちに身近な哺乳類たちを、総称して「有胎盤類」という。もちろん、私たちヒトも有胎盤類だ。

有胎盤類とは、発達した「胎盤」をもち、その助けによって発生する哺乳類である。

胎盤は、子宮の中で育っている胎児と、母体との間の物質交換の場として作られる特殊な臓器だ。分娩のとき、子がオギャーと生まれ出てしばらくすると、後産として子宮からズルズルと出てくるもので、その時点では子と「へその緒」でつながっている（図36）。

胎盤は、母体の子宮の内側のほとんどをカバーするようにぴったりと張り付くようにして発達する。そして、そのアンテナのような広い盤面に仕組まれた多数の「絨毛」と呼ばれるカリフラワーのような形状をした組織を介して、母体側から噴出される血液から栄養分や酸素を受け取

へその緒でつながった赤ちゃんにも、ウイルスが関係している？

り、胎児へと供給する。

え？　ウイルスと何の関係があるのかって？

それが、非常に大きな関係があるのだ！

この胎盤が、有胎盤類の進化の過程でどのように獲得されてきたのか、その秘密にウイルスが関わっているとする研究報告が相次いでいるのである。

## 胎盤の形成に関わる遺伝子

ことによったら、これほど劇的な進化もないだろう。

なにせ、もともとはウイルスの遺伝子だったものが、私たちヒトの遺伝子になったわけだから。しかもその遺伝子は、有胎盤類としての矜持（きょうじ）にも関わる、とてつもなく重要な遺伝子だったわけだから。

その遺伝子の名を「シンシチン」という。

シンシチン遺伝子は、胎盤の機能にとってとりわけ重要な、ある種の細胞を作るのに関わる重要な遺伝子だ。

ジンチチウム細胞は、胎盤の胎児側の表面、すなわち子宮壁から胎盤に向かって噴出する母体の血液を受け止める胎児側の表面にある「絨毛膜」の表面を覆う細胞である。母体と胎児の血液間での物質とガスの交換を仲介する、非常に重要な細胞だ（図37）。

この細胞は、ラングハンス細胞という名前の細胞が「合胞化」、すなわちお互いの細胞の間にある細胞膜が癒着して消失し、細胞質が通じた多核の細胞になることによって生じる。言ってみれば一つの巨大な細胞であって、これが胎盤の胎児側の表面を全て覆いつくしているのである。

胎盤の最も大切な役割である物質交換とガス交換を司るのがジンチチウム細胞なのであって、それを形成する役割をもつのが、シンシチン遺伝子であり、そこから作られるシンシチンタンパク質なのである。

このシンシチン遺伝子が、かつてそれがレトロウイルスだったとき、エンベロープを構成するタンパク質を作る遺伝子だったことが分かった。その研究成果は、二〇〇〇年に世界的な科学誌『ネイチャー』に論文として発表され、注目を集めたのだった（引用文献はMi S et al.（2000）：巻末参照）。

おかしな言い方かもしれないが、妊娠が成立すると、子宮の細胞の中で、かつてレトロウイルスだった内在性レトロウイルスがにわかに、「あ、そうだ、私はウイルスだったんだ」ということを〝思い出し〟活性化されると言えるのかもしれない。そうして、エンベロープタンパク質を作る遺伝子であるシンシチン遺伝子が活性化され、大量のｍＲＮＡが作り出され、シンシチンタンパク質も大量に作られ、胎盤のはたらきに重要なジンチチウム細胞が作られるのである。

　シンシチン遺伝子が胎盤の形成にいかに重要であるかは、マウスやヒツジを使った動物実験でも明らかになった。この遺伝子を人工的に使えなくすると、胎盤が正常に作られなくなることが確かめられたのである（引用文献はDupressoir A et al. (2009)：巻末参照）。

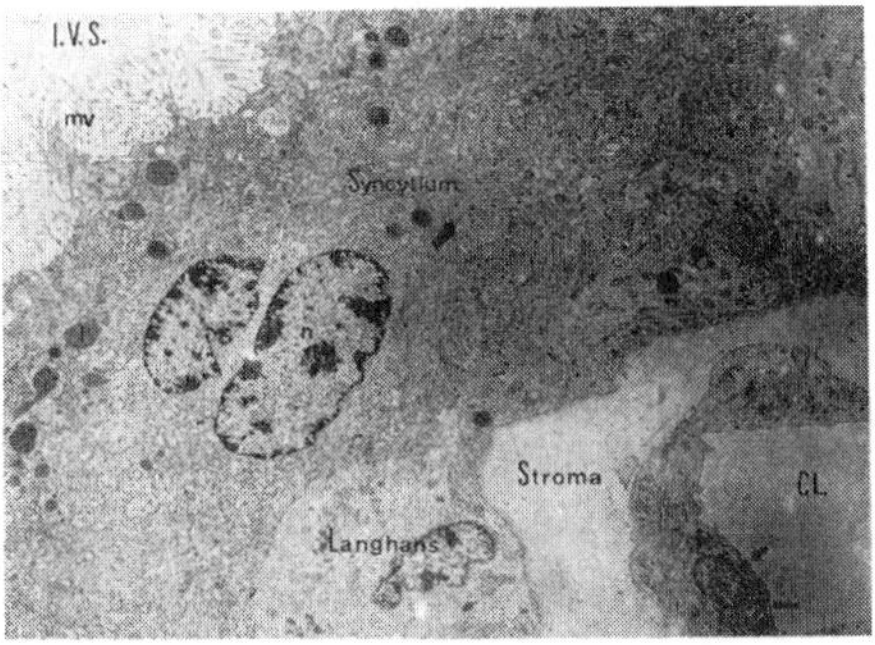


図37　ジンチチウム細胞の電子顕微鏡写真(4,500倍)。右上から左下にかけての大きな細胞(Syncytium)がジンチチウム細胞である。中央付近の大小二つの目立つ構造物は細胞核(n)。左上のI.V.S.は絨毛間腔で、いわば母体側であり、母体の血液が噴射される領域である。右下に見えるCLは、毛細血管である。つまり物質やガスは、左上の母体側と右下の胎児側との間で、ジンチチウム細胞を通じて交換される（出典：矢嶋聰ほか編，『NEW産婦人科学・改訂第2版』，南江堂，p.138）

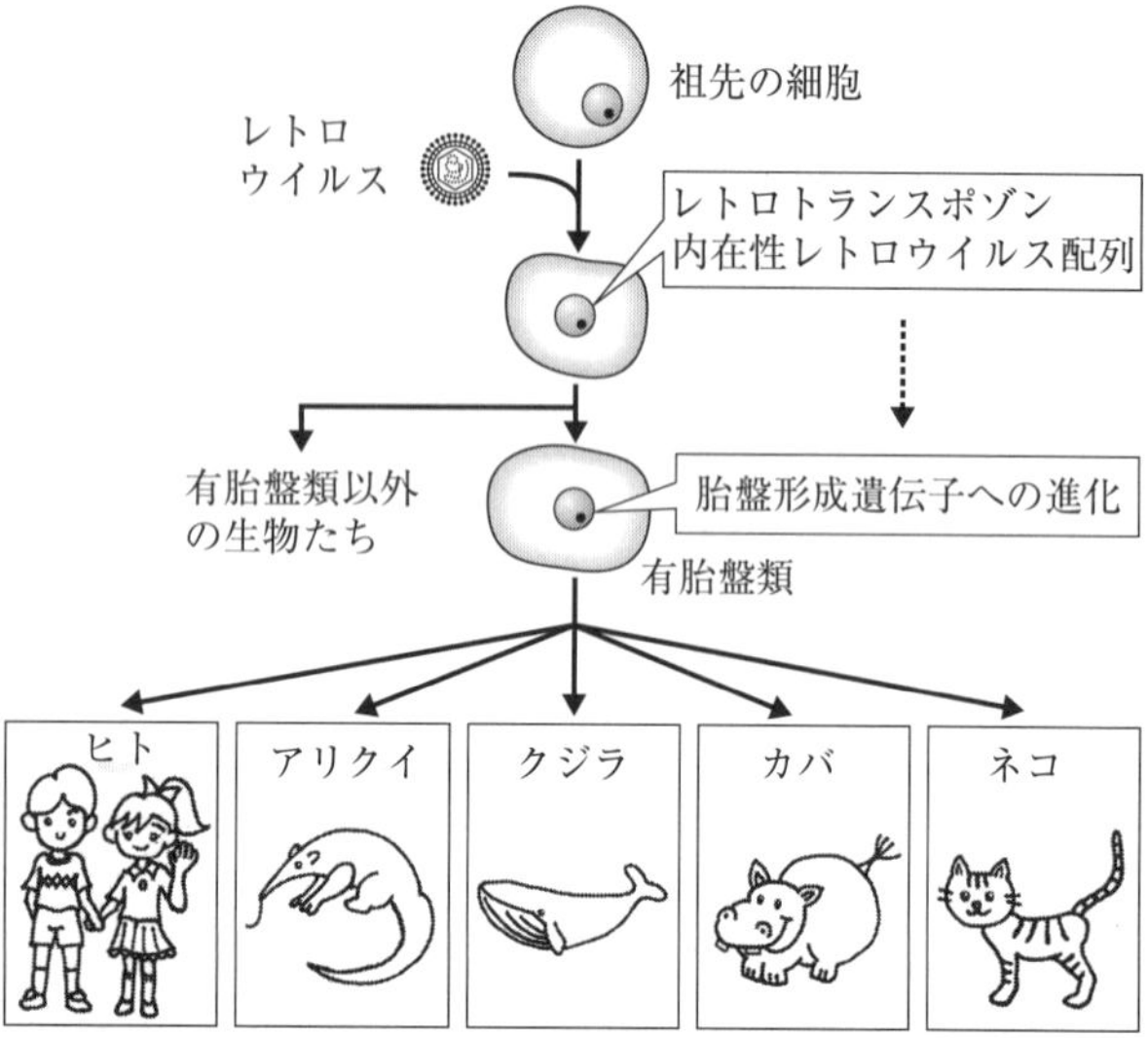


図38　祖先に感染したレトロウイルスのおかげで……（イラスト：風間智子）

言い過ぎかもしれないが、私たちが哺乳類であり、かつ哺乳類であり続けることができるのは、じつに、私たちの祖先に感染したレトロウイルスのおかげだったということだ（図38）。

むろん、現在の生物システムができたのは誰ソレのおかげなどと、その因果関係を特定して断じることはできず、おそらくはさまざまな要因が関わりあいながら、胎盤というシステムが構築されてきたのだろう。その中でシンシチン遺伝子も、ある程度（というか、かなり）重要な役割を果たしてきた、というのが本当のところであろう。

またシンシチン遺伝子以外にも、いくつかの遺伝子が、やはりレトロウイルス、的なものから進化して、胎盤の形成に重要な役割をもつようになったことが明らかとなってきている。

レトロウイルス的なもの、これこそ先に紹介した「レトロトランスポゾン」だ。有名なものとして、東京医科歯科大学の石野史敏教授の研究グループによる研究で明らかになった、「*peg10*」という名の遺伝子、ならびに「*rtl1*」という名の遺伝子がある。これらもまた、二つとも胎盤の形成に必要な遺伝子であり、レトロトランスポゾンから「進化」してきたことが明らかとなっている（引用文献は Ono R et al. (2006) ならびに Sekita Y et al. (2008)：巻末参照）。

## 生物進化に関わったウイルス

もともとはプロウイルスだった、もしくはウイルスとよく似た塩基配列だったものから、胎盤が作られるのに重要な遺伝子が、まさに「エマージ」したかのように現れ、私たち哺乳類の、とりわけ有胎盤類の礎となった。これが私たちに最も身近な、生物進化とウイルスとの関わりの実例であろう。

生物進化にウイルスが関わっていたとする考えは古くからあったが、ウイルスが数多く発見され、またさまざまな生物におけるさまざまなウイルスたちの振る舞いが明らかになるにつれ、その考えにはより確かな信憑性が与えられてきた。

たとえば、通常、遺伝子は親から子へと、同一種内で伝わるものだが、そうではなく、生殖的には全く無関係の他の生物種へと遺伝子が移動する「水平伝播」という現象が知られている。これは生物進化の原動力の一つであり、ウイルスが関与しているらしい。

たとえば、ウイルスの遺伝子と生物の遺伝子との間に相同性（塩基配列がそっくりなこと）が存在するというういくつかのデータがある。

ウイルスが、異なる生物種の間を〝渡り歩く〟うちに、遺伝子をあちらからこちらへ、こちらからあちらへと運搬して歩くことになった、というのはあり得る話だ。

エボラウイルスが、オオコウモリからヒトへと感染する能力を広げたことはすでに述べたが、ウイルスによっては、かつては植物に感染していた植物ウイルスだったものが、あるとき、動物に感染するようになったという事例さえ存在する。

このように、生物の進化にウイルスが関係していることはほぼ確実と思われるわけだが、このあたりの詳細は成書に譲るとして、次章ではウイルスと生物進化との関係を知るために、1－3節、そして第二章でも述べた「ウイルスと細胞との蜜月関係」がはたしてどう生じたかについて、ちょいと考えを巡らせてみたいと思う。

# 第五章

# ウイルスの起源

ウイルスがどう誕生したか、すなわちその「起源」について言及しようとするとき、まずは現在のウイルスが、生物である宿主の細胞がなければ増殖することができない存在である以上、「細胞があってこそのウイルス」という視点をもつことは必然的な流れだ。

この視点にのっとれば、細胞とウイルスのどちらが〝古い〟かと問われれば、やはりそれは細胞のほうであって、ウイルスは細胞が誕生してから後になって生まれたと考えるのが、今のところ最も妥当であるように思われる。

はたして、ウイルスはどうやって生まれたのだろうか?

## 5-1 ウイルスはどう誕生したか

### もともとは細胞だったという仮説

この最初の仮説は、ウイルスはもともと独立した細胞だったと考える(図39仮説①)。

もともと独立した細胞だったものが、何らかのきっかけで、他の細胞の代謝メカニズムや複製メカニズムを利用して、自分の子孫を作るというはたらきのみを残し、残りの全ての機能や細胞

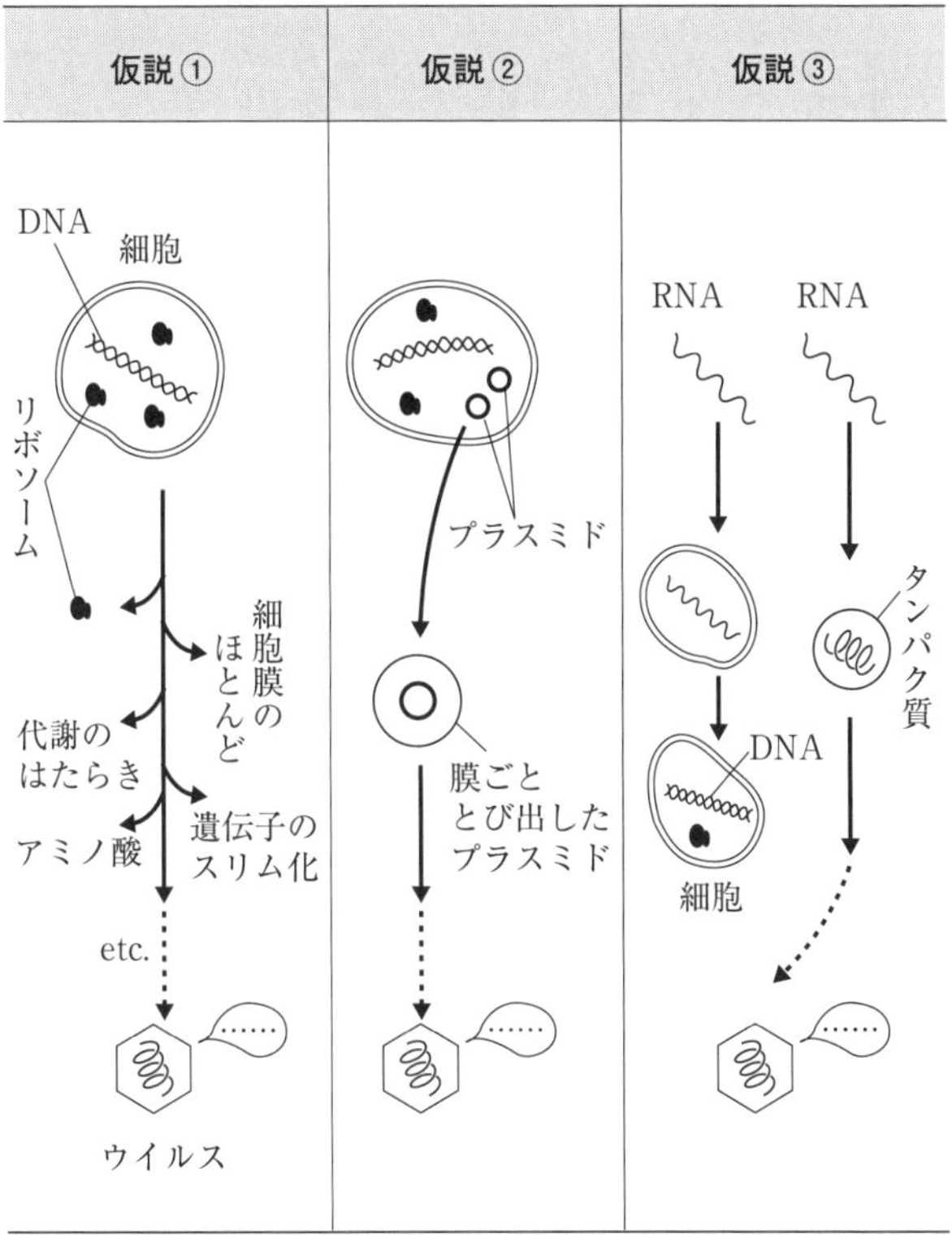


図 39　ウイルス誕生に関する 3 つの仮説

小器官を失ってしまったのがウイルスなのではないか、とする考え方である。ただし、「失ってしまった」のか、それとも故意に失ったのかについては分からない。

なるほど、これなら細胞なくしては増殖しえない現在のウイルスの特徴を、見事に説明しているように思える。

だが、ある疑問も残る。

この〝元細胞〟たるウイルスは、どんなきっかけがあって、残りの全ての機能を失わなければならなかったのか、ということだ。確かに、他の細胞に依存するという生き方は、エネルギー的にはラクかもしれない。しかしながら彼らは、細胞がそこにいないと増殖することができないというリスクもまた、背負うことになってしまう。

そう考えると、この方法はそれほど、当の〝元細胞〟たちにとって、とりたてて有利なことにはならないような気がするものだ。

もっとも、生物の世界に「トレード・オフ」という考え方があるのは事実である。トレード・オフとは、生物がエネルギーや物質、時間などの限られた資源を、生存や繁殖など複数の目的に配分するときに用いる、「一方が増加すると他方が減少する」関係のことであり、多くの生物はこの関係を甘受しつつ生きている。

かつての〝元細胞〟も、これを甘受することで完全にウイルス化したと考えることは、生物学的には的を射ているると言えるかもしれない。

また、ウイルスが〝元細胞〟だったと考えると、現在のウイルスが宿主の細胞に感染する際、細胞表面のタンパク質を介して吸着し、侵入するメカニズムをもっていることも容易に理解できる。なぜなら、宿主となる細胞は、そのタンパク質を「ウイルス用」としてもっているわけではなく、普段は細胞同士のコミュニケーションや、細胞外からやってきた別のタンパク質などを受け取るために用いているからである。

## 細胞内の自己複製分子がウイルスになったという仮説

二番目は、考えようによっては最も現実的かもしれない仮説である。

単細胞生物であるバクテリアは、「プラスミド」と呼ばれる環状DNA（ワッカになったDNA）を、その細胞の中にもっていることが多い。このワッカ状DNAは、バクテリア自身の遺伝子の本体であるゲノムのDNAとは別に存在するもので、独立して、自立的（自律的）に複製することができる（図40）。

また、ウイルスとよく似た名前の「ウイロイド」というモノもいる。

ウイロイドは、植物細胞の中に見られる自己複製するRNAであり、ウイルスのRNAやDNAよりも小さく、ウイルスのように周囲を取り囲むための「カプシド」タンパク質を作らない。

図40　プラスミド。右上や右下に見える、輪ゴムのようなものがプラスミドである。その他の大多数の紐状のものは、バクテリア（左上の白い物体）のゲノムDNAだ

ウイロイドは細胞の中で、単なる「RNAでできた粒子」として存在するという、ケッタイな〝生命体〟なのである。

プラスミドの場合、バクテリアに薬剤耐性（薬にさらされても死なないようにすること）をもたらすのに重要な遺伝子などが存在することが多く、その存在意義がおおむね明らかになってはいるが、ウイロイドのほうは、いったい、何のために植物細胞の中にいるのかよく分かっていない。

ただ、種類によってはウイロイドが植物に病気を引き起こすことが知られている。有名なとこ

ろでいえば「ジャガイモやせいも病」は、ウイロイドがジャガイモの細胞の中で、何らかの〝悪さ〟をすることが原因であるという。「病原体」という観点からすると、ウイロイドとウイルスはよく似ているとも言える。

こうした小さな自己複製分子は、細胞から細胞へと移動する場合もあるようで、そうしたものたちが細胞の中の遺伝子を取り込み、やがてウイルスへと「進化」していったのではないか、というのがこの仮説である（図39仮説②）。

なかなか考えさせられる仮説ではあるが、ウイルスの起源とともに、プラスミドやウイロイドの起源に対しても考えを巡らせなくてはならないという、より複雑な解答を必要とする仮説でもあり、あまりすっきりとはしないのであった。

## 細胞とは別個に誕生したという仮説

以上の二つは、まず細胞が誕生し、それからウイルスができたということを前提とした仮説だったが、三つ目の仮説はそうではなく、細胞とウイルスは、それぞれ別個に誕生したと考える（図39仮説③）。

細胞が誕生する以前の世界では、「ＲＮＡワールド」、「ごみ袋ワールド」などと名づけられたさまざまな仮説上の世界があり、いずれの場合でも自己複製するＲＮＡが複製を繰り返していたという考え方がある（詳細は拙著『ＤＮＡ誕生の謎に迫る！』サイエンス・アイ新書などを参照のこと）。

そんな世界の中で、細胞とは別に、ＲＮＡがタンパク質でできた殻に包まれたもの、すなわちウイルス（の祖先）が、独自に誕生したのではないかというのである。

ウイルスの基本的な構造が、核酸がタンパク質の殻に包まれただけという単純なものであるがゆえに、原始地球上でも比較的簡単に生じた可能性はある。

わざわざ細胞が矮小化してウイルスになったとか、細胞から飛び出してウイルスになったとか考えなくても、細胞よりも簡単な構造をしているんだから、細胞よりも早くできたんじゃあなかろうか、と考えたくなるのも人情というものだろう。

しかしながらこの仮説には、現在の「細胞依存性」を説明するための根拠を全く欠くという、決定的・致命的欠陥があるのもまた事実である。

ウイルスが単純な構造をしているのは、ひとえに「細胞依存性」があるがゆえではないか。他の細胞を利用できるからこそ、単純な構造で済んでいるのではないのか、と。

ただ、別個に誕生することはしたが、誕生後にウイルスと細胞がお互いに影響を及ぼし合うようになり、その結果として共存することができるようになったという可能性があるとすれば、それは排除されないだろう。

もう一つ、そもそも当時の地球において存在していたものが、現在でいう「細胞」や「ウイルス」の定義できっちりと分けられるようなものではなく、細胞でもウイルスでもない、いわば「どっちつかず」の状態のもの——あまりイメージがつかないが——がまず生じ、そのうちのあるものは細胞となり、別のものはウイルスとなっていった可能性もある。

ウイルスの起源については、他にも謎な部分がある。たとえば、DNAとRNAでは、RNAのほうが古くから存在する核酸であると考えられており、そのRNAをベースにしてDNAが作られたと考えられているが、それであれば、RNAウイルスのほうがDNAウイルスよりも前からいたということが考えられる。すなわち、いったいどうやってDNAウイルスが誕生したのかという問題だ。

詳細は紙面の都合上割愛するが、これは、DNAを遺伝子の本体とする細胞がどのようにして誕生したのかという、いわゆる「生物（細胞）の起源」とも関連することであり、生半可なことでは解明できない、深い謎に包まれている（前出『DNA誕生の謎に迫る!』も参照のこと）。

1-3節で、海にはたくさんのウイルスが生息していることが分かっている、ということを紹介したが、さらに言うと、未発見のウイルスがこの世の中にはまだまだたくさん存在すると考えられている。

生物の起源、ウイルスの起源を解明するためには、現在までに知られているウイルスのみの知見では限界がある。今後は、こうした未発見のウイルスたちをいかにして「発見」し、その性質や構造を究明したうえで、いかにしてそこからウイルスの起源の謎に迫っていくか、それこそが生物学上の大きな課題となっていくだろう。

その中で、近年になって報告されはじめている「巨大な」ウイルスたちの生態が、こうした問題の解決の糸口になるのではないかと、注目されはじめている。

プロローグでご紹介した「巨大ウイルス」である。

# 第六章

# 巨大ウイルスの波紋

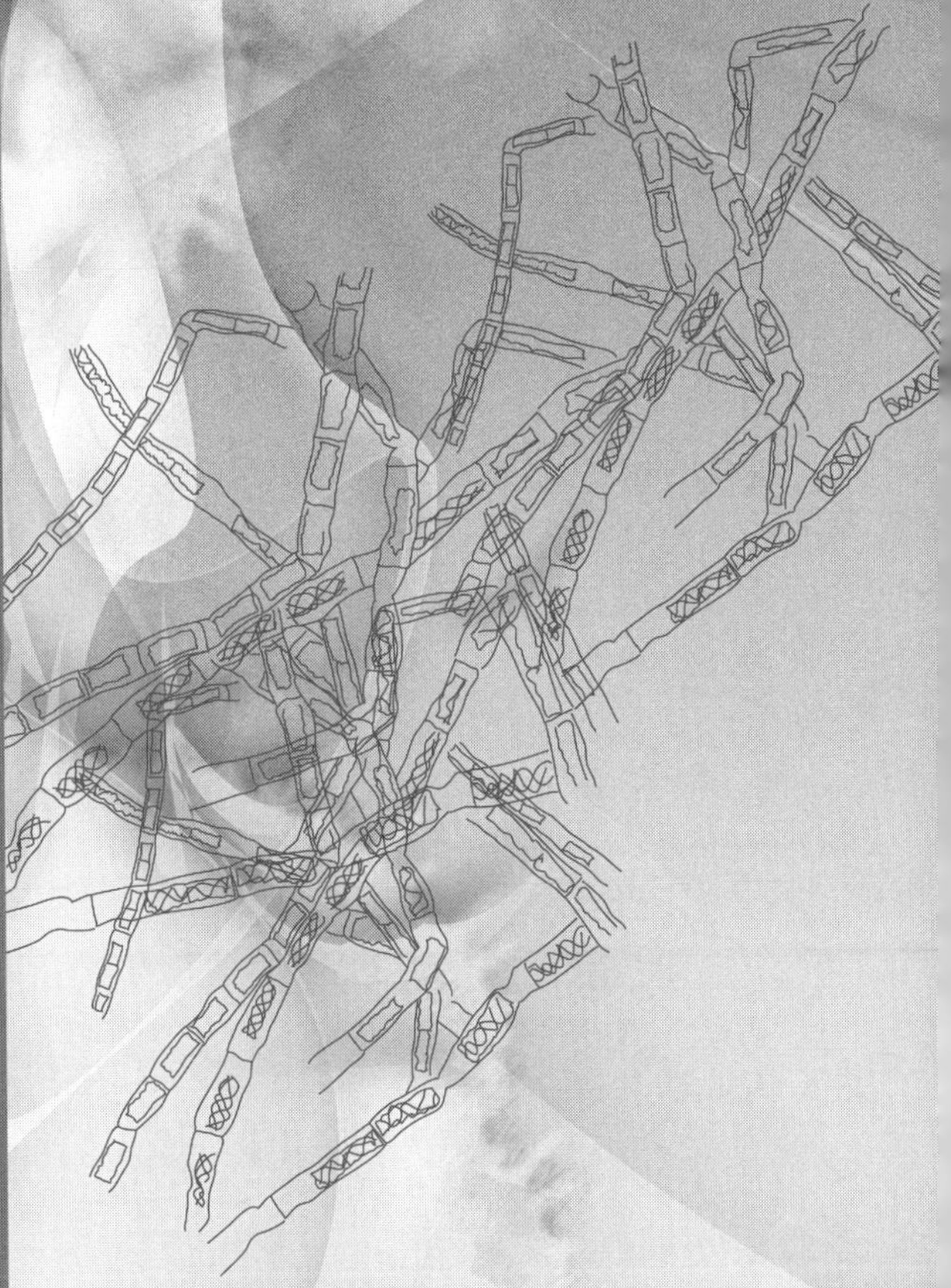

# 6-1 生物により近いウイルス

## 巨大ウイルスの〝先駆者〟クロレラウイルス

一九七八年、広島大学の川上襄(のぼる)(一九二六〜一九八〇)らが、広島大学植物園から採取したミドリゾウリムシの、さらにその体内に共生していた緑藻類(クロレラ)から、あるウイルスを発見した。当初はウイルスであると同定されたわけではなかったが、後にアメリカの研究者によって、ウイルスであることが明らかとなり、「クロレラウイルス(またの名をクロロウイルス)」と名づけられた。

このウイルスは、宿主の細胞であるクロレラがミドリゾウリムシの中で共生しているときには、その宿主細胞の中でじっとおとなしくしているのだが、クロレラをミドリゾウリムシの中から取り出すとにわかに増殖を始めるという、面白い生活環をもつことが知られている。まるで、嵐が通り過ぎるのを家の中でじっと待つ私たちのような行動だ。

クロレラウイルスは、宿主の細胞へ吸着した後、その細胞壁(クロレラは藻類だから、細胞壁

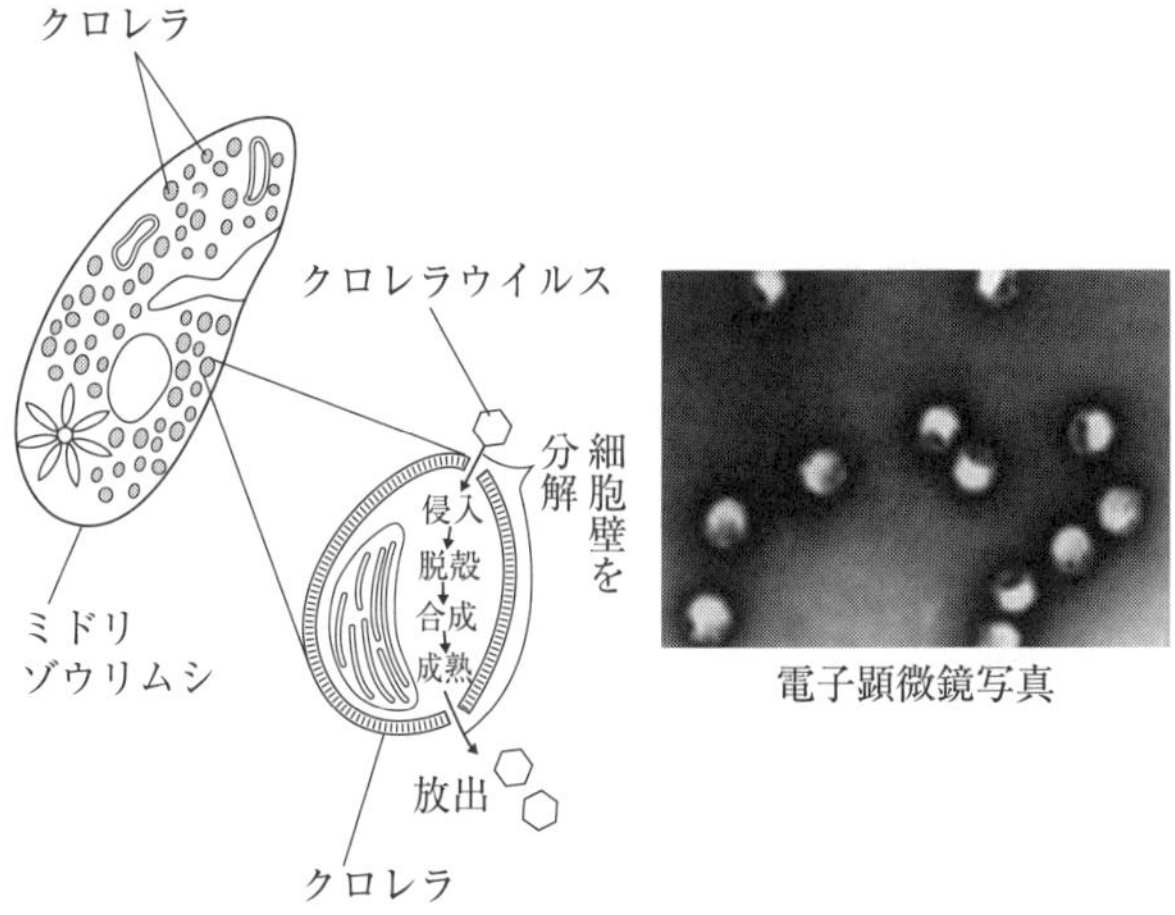


図41　クロレラウイルス（写真提供：広島大学山田隆教授）

がある）を溶かし、穴をあけ、侵入する。その後、六〜八時間をかけて合成、成熟を起こした後、再びクロレラの細胞壁を分解して、放出される（図41）。

　クロレラウイルスはクロレラにとっては文字通り〝ウイルス〟であるが、じつはクロレラ自身の細胞壁の構成成分の一部が、このウイルスが感染することによって作られるという、興味深い事実も知られている。クロレラとクロレラウイルスとの関係は、宿主と感染者という関係を通り越して、もはやお互いに〝共生〟しているという面もある。このウイルスの〝共生〟は、本書の今後の議論につながる、じつに興味深い現象だ。

　このウイルスのいくつかの構造的特徴は、じつに驚くべきものだった。核酸はＤＮＡであり、正二十面体の〝ウイルスらしい形〟をしている。この形自体は驚くものではないが、驚いたのは、ＤＮＡの大きさ（長さ）がおよそ三三〇～三八〇キロベース（ベース：塩基対の数の単位）と、最小の生物といわれるマイコプラズマ（バクテリアの一種）のＤＮＡの、ゆうに六割もの大きさ（長さ）があったということだろう。しかもそのＤＮＡは、私たち真核生物の細胞核のＤＮＡと同じように線状であり、遺伝子の数も三六〇以上もあった。さらに、翻訳に関わるｔＲＮＡの遺伝子も、自前でもっていた（引用文献はYamada T (2011)：巻末参照）。

平たく言えば、これまでのウイルスに比べてはるかに複雑で、もう少しで世界最小の生物マイコプラズマに迫ろうというウイルス、それがこのクロレラウイルスだったのである。ただそのサイズは、ポックスウイルスよりはやや小さかった。

このウイルスの発見が契機となって、「巨大ウイルス」という、それまでに知られていなかった新たなウイルスの世界が切り拓かれることになった。しかもその世界の住人たちは、まさに限界なき大きさをもつかのように、その存在を私たちにアピールしはじめることになるのであった。

巨大ウイルス（giant virus）。これを〝ジャイラス（girus）〟と呼ぶ研究者もいる。この名からも、巨大ウイルスがそれまでの「ヴァイラス（virus）」、すなわちウイルスとは一線を画す存在であることが分かるが、この名はまだウイルス学界で市民権を得ているわけではない。

その〝巨大な住人たち〟の代表選手に、ここで登場していただこう。

## ミミウイルス

プロローグで紹介したように、二一世紀になって、冷却水中のアメーバに共生していたソレが、バクテリアではなく、じつはウイルス（ミミウイルス）であることが分かって、世の微生物学者たち（の一部）は驚きの声をあげたのであったが、分子生物学的技術の進歩は、そうした驚きの声が冷めやらぬうちに、ミミウイルスのゲノム（全てのＤＮＡの塩基配列）の解読を成功させてしまった。

二〇〇四年、プロローグでも登場したラウールと、同じくフランスの微生物学者ジャン＝ミシェル・クラヴェリらの研究グループが、ミミウイルスの全ゲノム解読を行い、その結果、それまでのウイルスの常識を覆すような特徴をこの〝新種〟ウイルスがもっていることが明らかにされた（引用文献は Raoult D et al.（2004）：巻末参照）。

まず、一・二メガベース（一二〇〇キロベース）という、それまでのウイルスにはない膨大な長さのＤＮＡをもつことと、そこに九一一個もの遺伝子が存在することが分かった。

先に発見されていたクロレラウイルスでさえ、ＤＮＡの塩基対総数は三八〇キロベースであり、また遺伝子の数も三六〇個程度だったわけだから、まずはそのＤＮＡの大きさからして、ミ

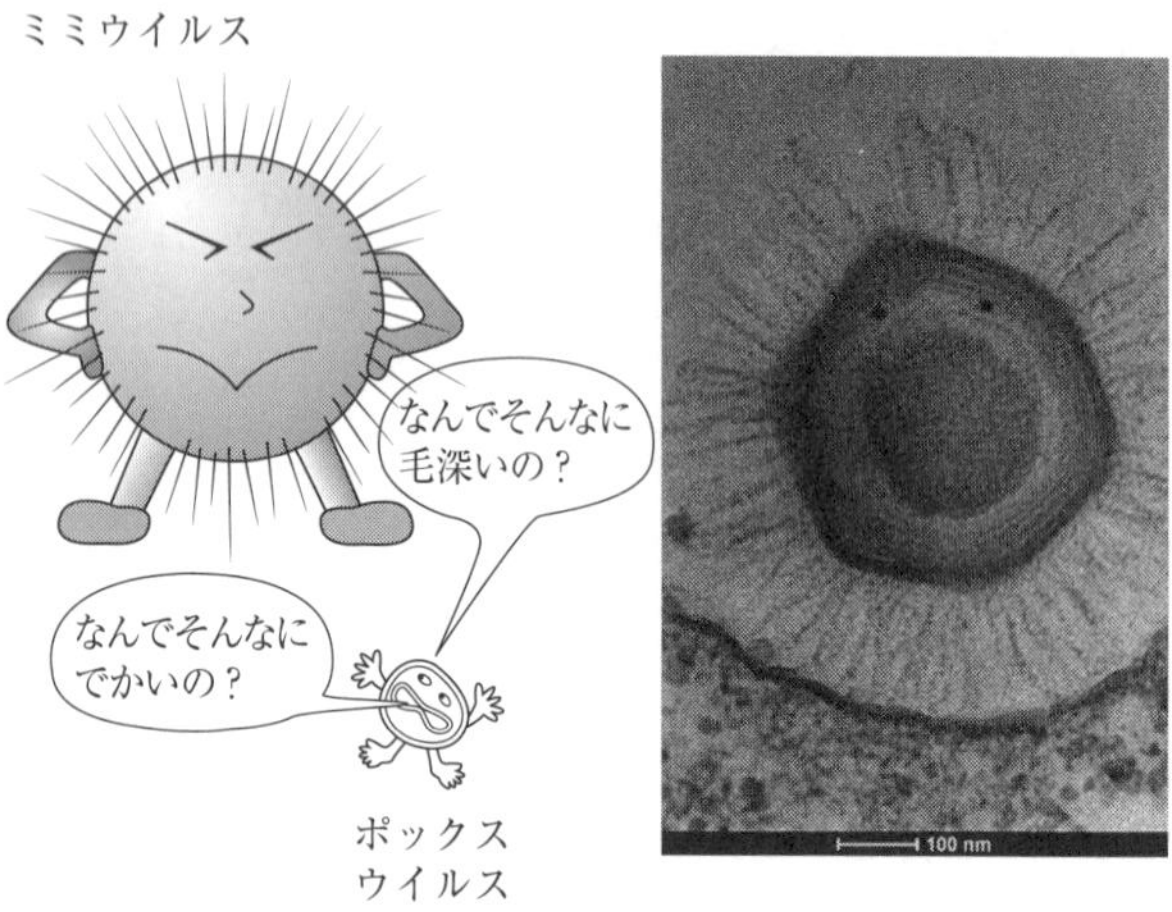
ミミウイルス
なんでそんなに
毛深いの？
なんでそんなに
でかいの？
ポックス
ウイルス
100 nm

図42　ミミウイルス。右の電子顕微鏡写真は、アメーバの細胞膜に吸着し、今にも侵入しようとしている瞬間のミミウイルス（写真提供：仏エクス・マルセイユ大学シャンタール・アベルジェル博士）

ミミウイルスはクロレラウイルスよりもはるかに大きなウイルスであることが分かる（図42）。その大きさについて、プロローグでも引用した本の著者で科学ジャーナリストのマイケル・ブルックスは、同じ本で次のように形容している。

> 身長が一二階建てのオフィスビル並みという人物が、あなたの隣に立っているところを想像してみてほしい。大半のウイルスにとって、この異形のウイルスはそんなふうに見えるだろう。（ブルックス著『まだ科学で解けない13の謎』楡井浩一訳、草思社、二〇一〇年、一八七ページより）

またそれまでは、ウイルスといえば宿主

の細胞のタンパク質合成システムを拝借して、自らのタンパク質を作る能力しかもたないとされてきた。ポックスウイルスでさえ、ＤＮＡの複製とｍＲＮＡの転写を行うための遺伝子は自前でもっていたが、アミノ酸をつなげてタンパク質を作るための遺伝子はもたなかったから、どうしても宿主のシステムを使わなければならなかった。

しかし、ミミウイルスは違った。タンパク質を作るための必要最低限の遺伝子を、彼らはきちんともっていた。タンパク質が作られる過程の最終段階である「翻訳」反応において、アミノ酸をリボソームにまで運んでくる役割をもつｔＲＮＡを合成する酵素の遺伝子を、ミミウイルスは自前で用意していたのである。

詳しくいうと、ｔＲＮＡにアミノ酸を結合させる「アミノアシルｔＲＮＡ合成酵素」という酵素の遺伝子だ。この遺伝子は、それまでのウイルスでは、クロレラウイルスでさえ発見されていないものであり、このことは、ミミウイルスが、他のウイルスよりもはるかに効率的に、感染した細胞の中でタンパク質を合成できることを物語っている。

敢えて「感染した細胞の中で」を強調したことからもお分かりいただけると思うが、翻訳に関係する重要な遺伝子をもっていたからといって、ミミウイルスが自立して、細胞の助けなしに増殖できるわけではない。やはりミミウイルスも細胞に感染しなくては生きられないだろう。「アミノアシルｔＲＮＡ合成酵素」も、私たち生物がもっているものの一部をもっているに過ぎない。

しかし、その保有する遺伝子が非常に多く、また複雑であることが分かったことから、ミミウイルスがこれまでのウイルス以上にバクテリアに、すなわち「生物」により近い存在であると考えられるようになったのである。

## ミミウイルスの構造

二〇〇〇年代には、ミミウイルスのゲノムを解読したフランスのラウールやクラヴェリ、アメリカ・パーデュー大学のミカエル・ロスマン、イスラエルのエイブラハム・ミンスキーらの研究グループなどによって、ミミウイルスの三次元構造が解析されてきた（引用文献はZauberman N et al.（2008）ならびにKlose T et al.（2010）など：巻末参照）。

まずはその外観だが、一般的なウイルスと同じく、正二十面体の外観をもった、いわゆる「物質」と見まごうばかりのきっちりと統一された形をしている（図43）。

しかし、ミミウイルスはエンベロープウイルスでもある。

正二十面体の外観といえば、タンパク質でできたカプシドの形態がイメージされる。エンベロープはいったいどこにあるのだろうか？

興味深いことに、ミミウイルスのエンベロープは、カプシドの内側に存在する（クロレラウイ

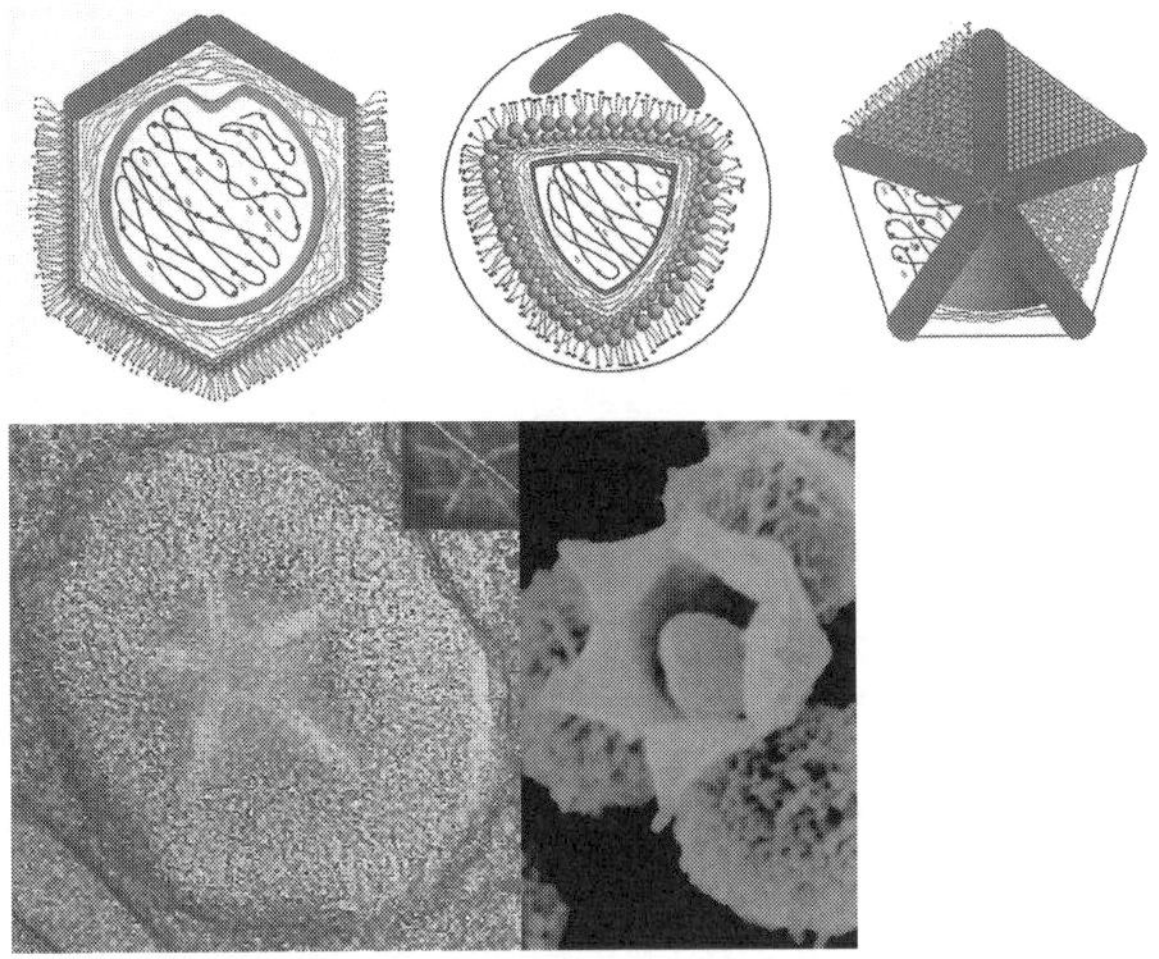

図43　ミミウイルスのヒトデ構造。上図は、左から「ミミウイルスの断面」、「一部をほじくって中身を見せた状態」、「ヒトデ構造側から見て、左上から一枚ずつタンパク質やエンベロープの層を、時計まわりにはがしていった状態」。内側の糸状のものがDNAで、その周囲を丸いエンベロープが覆っている。外側は複数の層のタンパク質によって正二〇面体のカプシドが作られ、その表面は無数の繊維で覆われている（出典：Klose T et al. (2010) The three-dimensional structure of mimivirus. *Intervirol.* 53, 268-273.）。
下の写真の左はヒトデ構造の透過電子顕微鏡写真。右はヒトデ構造が“口を開けた”状態の走査電子顕微鏡写真（出典：Zauberman N et al. (2008) Distinct DNA exit and packaging portals in the virus *Acanthamoeba polyphaga mimivirus*. *PLoS Biol.* 6, 1104-1114.）

ルスもそう）。すなわちミミウイルスは、多くのタンパク質とDNAがある中心部分をまず脂質二重膜でできたエンベロープが覆い、その周囲を正二十面体のカプシドが覆っているという構造をしているのである。さらにカプシドの表面には、「表面繊維」と呼ばれる無数のヒゲのようなものが生えている（図43）。

ミミウイルスの非常に大きな構造的特徴は、まるで大きなヒトデがへばりついたかのような、五つの放射状の構造がカプシド表面に見られるということだろう。その名も「ヒトデ構造（starfish structure）」と呼ばれる（図43）。

このヒトデ構造は、まるでモンスターパニック映画『トレマーズ』に出てくる、地中をものすごい勢いで走りまわるワーム型地底生物「グラボイズ」が口をもがっと開けるように、五つの〝唇〟をもがっと開けて、中のDNAを感染した宿主の細胞質中に注入するらしい。

ミミウイルスの宿主の細胞への感染自体は、細胞によるエンドサイトーシス（五五ページ参照）により生じるので、このグラボイズばりのヒトデ構造の「口あんぐり」は、細胞質の中で、エンドゾームから細胞質へとDNAを放出する際に起こると考えられている。

ここで重要なのは、このインパクト十分のヒトデ構造ではなく、カプシドの内側にDNAを包み込む脂質二重膜、すなわちエンベロープが存在するという点である。

DNAを包み込む脂質二重膜があり、その外側に「硬い」構造をしたカプシドがある。

微生物に詳しい方なら、この状態が、どことなくバクテリアの細胞に似ていることに気づかれるかもしれない。すなわちバクテリアは、ＤＮＡを細胞膜が包み込み、その外側に「硬い」構造をしたカプシドならぬ「細胞壁」がある、という形をしている。

こうしたことから、ウイルスと細胞の起源に関する次のような仮説もあることを、ここで紹介しておこう。

基本的には、先に述べた、「ウイルスは細胞とは別個に誕生した」とする仮説と同じものだが、ウイルスのほうが細胞よりも先にあったという点で、先の仮説とは異なるものである。

すなわち、まず細胞より先に、ミミウイルスのような、脂質二重膜でＤＮＡが包まれ、それがさらにカプシドタンパク質で覆われた構造のＤＮＡウイルスが誕生していたと考える。そしてカプシドタンパク質が変化して細胞壁となり、バクテリアが誕生したのではないかというのである（図44）。実際、ミミウイルスのカプシドタンパク質は、真核生物、原核生物のどちらにも存在する、あるタンパク質と類似した構造をとっていることが明らかとなっている。このことはまるで、ミミウイルスのカプシドタンパク質が、こうした生物が出現する以前から存在していたことを示唆しているかのようだ。

なお、ポックスウイルスとは異なり、ミミウイルスは他のＤＮＡウイルスと同様、感染した宿主の細胞の細胞核の中でそのＤＮＡを複製すると考えられている（ポックスウイルスは細胞質）。そして、じつはミミウイルスのエンベロープは、細胞核から細胞質へ飛び出す際に連れてきた「核膜」の一部ではないかとも考えられている。

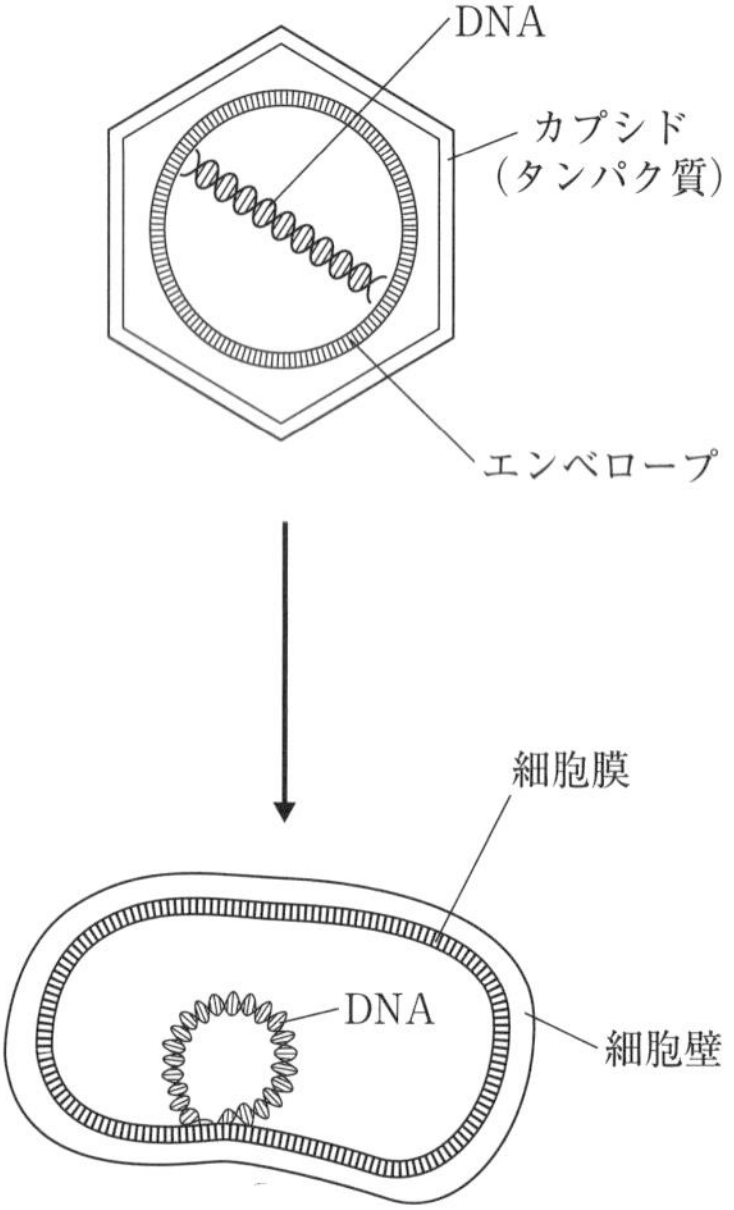

図44　DNAウイルスからバクテリアが誕生したという仮説

## ヴァイロファージ

以上のように、さまざまな意味で生物（特にバクテリア）に本当に近い態を成しているのが、ミミウイルスなのであるが、ここでもう一つ、ミミウイルスの興味深い側面をご紹介しよう。

ミミウイルスが発見された後、しばらくしてこのウイルスに感染する、より微小なウイルスが発見された。

ウイルスに感染するウイルス？

ウイルスは、**感染する**もので、**感染される**ものではなかったはずだった。ところがミミウイルスの中に、そこに感染しているらしい、別のもっと小さなウイルスが見つかったのである。バクテリアに感染するウイルスを「バクテリオファージ」と呼ぶので、ウイルスに感染するこのウイルスに対して「ヴァイロファージ」という名が提案された（図45）。

このヴァイロファージには、「スプートニク（sputnik）」という名前がつけられた。いわゆる「個人名」だが、このスプートニクとは、ソビエト連邦が打ち上げた人類最初の人工衛星の名前であり、「随伴するもの」を意味する。

ウイルスのくせに、ウイルスに感染されるなど、およそウイルスとは思えない。まるっきり生物じゃん！　細胞じゃん！　とツッコミを入れたくなる気持ちも分かる。

ただ、正確に言うと、このヴァイロファージは、ミミウイルスに感染するのではなく、ミミウイルスと一緒にアメーバに感染するのである。でもミミウイルスがいなければ、ヴァイロファージはアメーバに感染できない。しかもヴァイロファージは、後になってミミウイルスをぶっ殺してしまうから、ミミウイルスにしてみれば、ヴァイロファージは〝自分自身にとりついた鬱陶しいヤツ〟であることに変わりはあるまい。

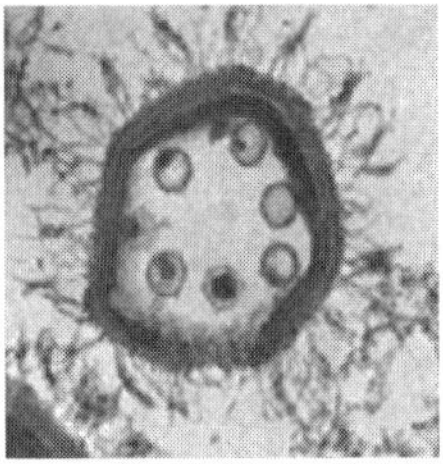

図45　ヴァイロファージ「Sputnik」。ミミウイルスのカプシド内に、複数のSputnikが観察できる（出典：La Scola B et al. (2008) The virophage as a unique parasite of the giant mimivirus. *Nature* 455, 100-104.）

つまり、ヴァイロファージの生活環は、バクテリオファージのそれとは全く違う、より複雑なものなので、「ヴァイロファージ」という名称そのものに対する反対意見もある。正確に表現すれば、ヴァイロファージよりはむしろ「衛星ウイルス（サテライト・ウイルス）」に近い（引用文献は Claverie JM and Abergel C（2009）：巻末参照）。

また最近、真核生物がもつある種のDNAトランスポゾン（一四一ページ参照）が、ヴァイロファージに由来するとする論文が発表され、注目されている（引用文献は Fischer MG and Suttle CA（2011）：巻末参照）。

さて、ミミウイルスは感染した宿主の細胞の細胞核の中でDNAを複製した後、核膜を引き連れて細胞質へと飛び出し、そこで「グラボイズの口」ならぬ「ヒトデ構造」とカプシド、そして表面繊維を装着して完全なウイルスとなる。

そのウイルスの成熟の場は、細胞質の中にできた、ウイルスのパーツが大量に生じ、ウジャウジャと存在する塊のように見えるものである。

顕微鏡で見ても一目で分かるほど、それは細胞質の他の部分とは異質な形態を呈している。その場所は、「ウイルス工場」と呼ばれている。

# 第七章

# ウイルスによる核形成仮説

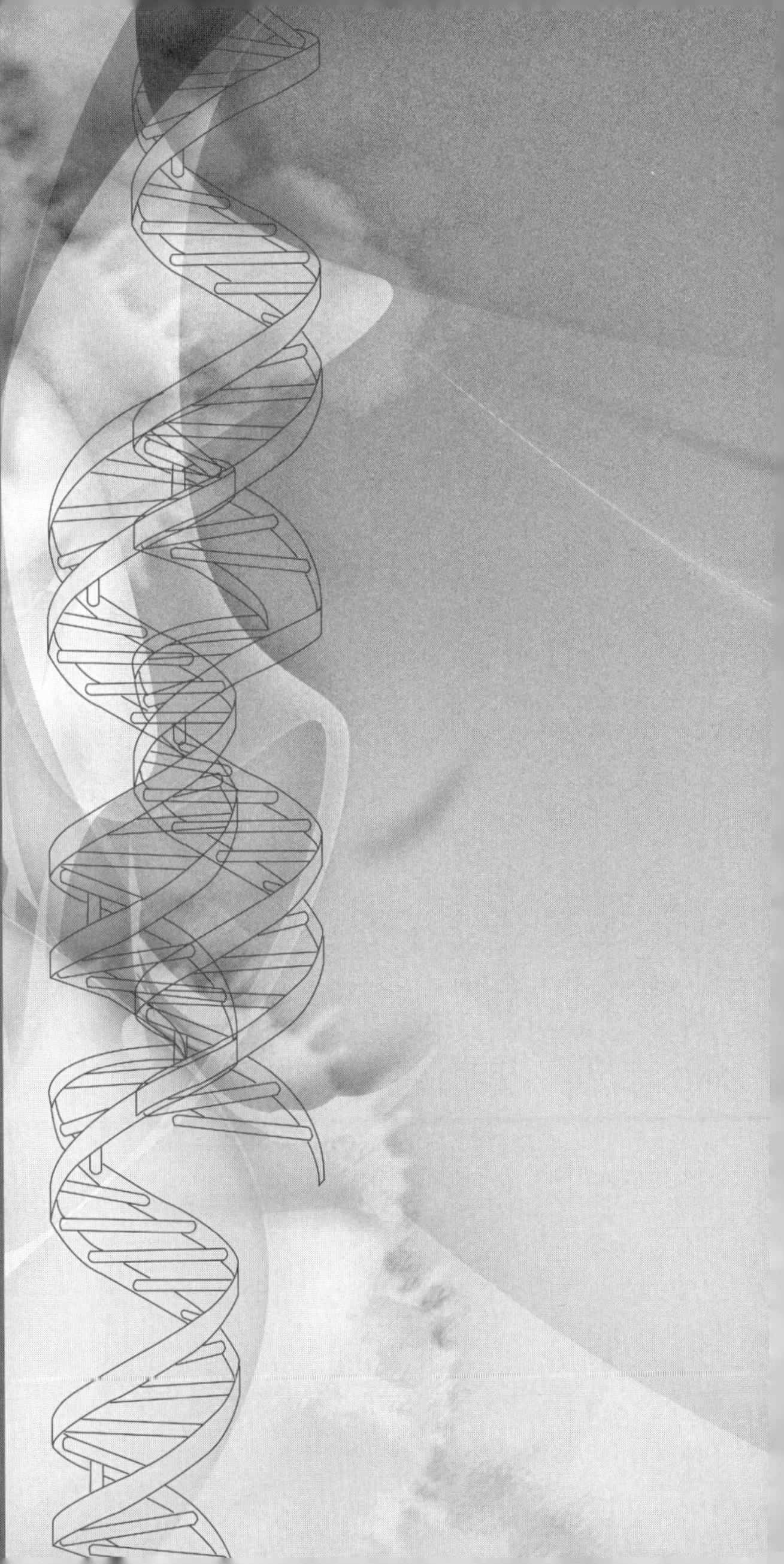

# 7―1　ウイルス工場と細胞核

## ウイルス工場とは

　ある社会に、別の社会から侵入者もしくは単なる〝部外者〟が入り込んできたとき、どうなるか想像してみよう。日本の古来のムラ社会では、そうした部外者は「異人」などと呼ばれ、殺されたり追い出されたりする対象になってしまうのが常だったが、アユタヤ王朝（現在のタイ）で日本人町を率いた山田長政のように、そうならない場合、すなわち〝共生〟により生きていける場合も、もちろんある。

　同じような〝仲間意識〟が、ウイルスの仲間にもどうやら存在するらしい。いや、そのように見えるウイルスの行動を垣間見ると、ウイルスの生物学的意味を考えるうえで重要そうな気もしてくるものだ。

　すでに述べたように、ポックスウイルスは、細胞に感染しても核の中にまでは侵入せず、細胞質で全てのライフ・サイクル（生活の全て）を送る。

宿主の細胞に吸着、侵入したポックスウイルスは、タンパク質の殻を脱ぎ捨てた（脱殻した）後、細胞質の中で自らのDNAからmRNAを合成し、そのmRNAから、細胞質のリボソームを使って自らのタンパク質を大量に作り出し、さらに自らのDNAを大量に複製する。

このとき、細胞質のその部分には、ある秩序めいた区画（コンパートメント）が出来上がる。平たく言えば、日本人が日本人町を作るように、ウイルスも細胞質の中で「ウイルス町」を作るのだ。

これが、「ウイルス工場」である。第二章のウイルスの増殖で紹介したポックスウイルスの「封入体」は成熟したウイルスの集まりだが、ここで言う「ウイルス工場」はどちらかと言えばその前段階の状態であると考えていただければよい。

ポックスウイルスのように、DNA複製からウイルスの成熟まで、何から何までそこで行うようなウイルス工場もあれば、ミミウイルスのように、DNAの複製は宿主の細胞の細胞核で行ったうえで、ウイルスの成熟過程のみを細胞質で行うようなウイルス工場もある。

ここでは、前者のウイルス工場に注目してみよう。ミミウイルスとはまた違った、面白いことが行われているからである。

第二の核

ポックスウイルスやミミウイルスのような、脂質二重膜で包まれた比較的大きなサイズのDNAウイルスのことを「NCLDV（nucleocytoplasmic large DNA virus）：日本語では核細胞質大型DNAウイルス」というが、こうしたウイルスが作られる細胞質中のある「区画」、それがウイルス工場なのだ。

工場というのは、「町」とはちょっと違うように思われるが、先ほども述べたように、ウイルスのパーツがウジャウジャ存在する領域というものがあって、それが細胞質の他の部分と明確に分かれているものと考えていただければよい。

感染された細胞としてはヤな感じであろう。背中がムズムズする程度のことではないはずだ。しかもそのウイルス工場が、自分がもっている"何か"と同じような形を呈しているとしたら、細胞としても立つ瀬がないというものだろう。

だからそのウイルス工場が、核膜と同様の膜で包まれていることを報告した論文には、じつのところ驚かされたものだ。

二〇〇一年、ドイツのロッカーらの研究グループは、ポックスウイルスの一種である「ワクチニアウイルス」（図5も参照）が、細胞質でそのDNAを複製する際、周囲に存在する細胞の小胞体膜をその"ウイルス工場"の周囲に配置して、覆ってしまうことを見つけたのである（引用

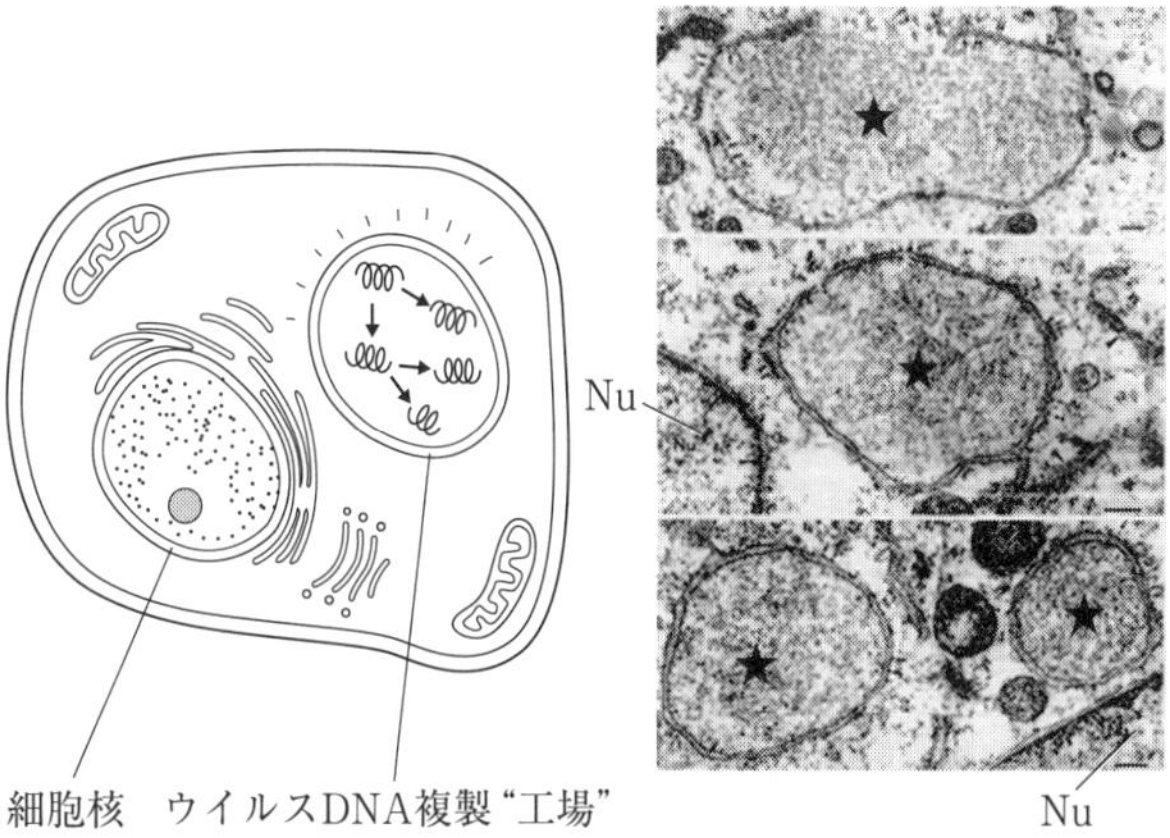


図46　第二の核。右写真は、いくつかの視野における第二の核（★）。真ん中の写真左端、下の写真右下には宿主の細胞核（Nu）が見える。脂質二重膜で囲まれたその様子は、核のそれとそっくりである（出典：Tolonen N et al. (2001) Vaccinia virus DNA replication occurs in endoplasmic reticulum-enclosed cytoplasmic mini-nuclei. *Mol. Biol. Cell* 12, 2031-2046.）

文献はTolonen N et al. (2001)：巻末参照）。

彼らは論文の中で、この〝ウイルス工場〟を「cytoplasmic mini-nuclei」、すなわち細胞質に存在する〝ミニ核〟という具合に表現した。論文に掲載された電子顕微鏡写真が示すものは、まさに細胞核と同じように、脂質二重膜で丸く覆われた「核」そのものだった（図46）。

むろん、その膜は小胞体膜由来なので、核膜とは若干、その性質は異なる。しかし、私たちの細胞において、核膜と小胞体膜は連続した膜系を形成している。すなわちつながっているのである。だから、この第二の〝ミニ核〟が、細胞核になぞらえて語られることに、とりたてて違和感はない。この第二の核は、ＤＮＡの複製が終わり、ウイルスの「組立て」、すなわち成熟が始まると消失するらしい。

私たち真核生物がもつ細胞核が、進化の途上でどのように誕生したか。

これまで、これを説明する仮説には大きく二つのものがあった。一つは、真正細菌と古細菌との共生の結果として、真正細菌の内部に入り込んだ古細菌が細胞核になったという仮説であり、いま一つは、細胞膜が内側に陥没するようにしてさまざまな細胞内膜系が生じたときに、核膜も作られ、それがＤＮＡを包み込んで細胞核になったという仮説である。

しかしこの細胞核誕生の瞬間に、もしかしたら、古代のＤＮＡウイルスの感染という一コマが、じつに重要な一コマとして存在していたかもしれない。

私たちの細胞には細胞核があるが、研究者は、その進化の道筋の「核」心は、捉えることができずにいた。そこにじつは、ウイルスが入り込む余地があったのである。

私たち全ての真核生物の祖先。

穿(うが)った見方だが、ウイルスを表現するのにそのような言い方をしても違和感のない時代が、もしかしたら来るかもしれない。

病気をもたらす悪役というイメージを返上した新たなウイルス像が、未来の生物学の中で建てられているかもしれないのである。

## DNAポリメラーゼの分子系統樹

名古屋大学の助手をしていた二〇世紀最後の年の二〇〇〇年、筆者はメインの研究テーマの実験データが思うように出ず、スランプに陥っていた。あまりにもうまくいかないので、そういう場合は気分をリフレッシュさせたほうがよいと思った筆者は、それまでとは異なる分子進化に関する研究に手を染めはじめた。研究の対象であった真核生物のＤＮＡ複製酵素の一種「ＤＮＡポリメラーゼα」がどう進化してきたのかについて、かねがね興味をもっていたからである。

ＤＮＡポリメラーゼの分子系統樹――分子同士の系統関係を明らかにして樹状に表現したもの――から、真核生物に存在する三種類のＤＮＡポリメラーゼ（α、δ、ε）の進化の過程を推測した論文はすでに発表されていたが、ウイルスのＤＮＡポリメラーゼとの関係まで指摘したものはなかった。そこで筆者は、ウイルスのＤＮＡポリメラーゼも入れて、それまでに塩基配列、アミノ酸配列がデータベースに登録されていたＤＮＡポリメラーゼを集め、それらの分子系統樹を作ったのである。

その結果、面白いことが分かった（図47）。

真核生物のＤＮＡポリメラーゼαとＤＮＡポリメラーゼδ。この両者が、先行研究の上からも

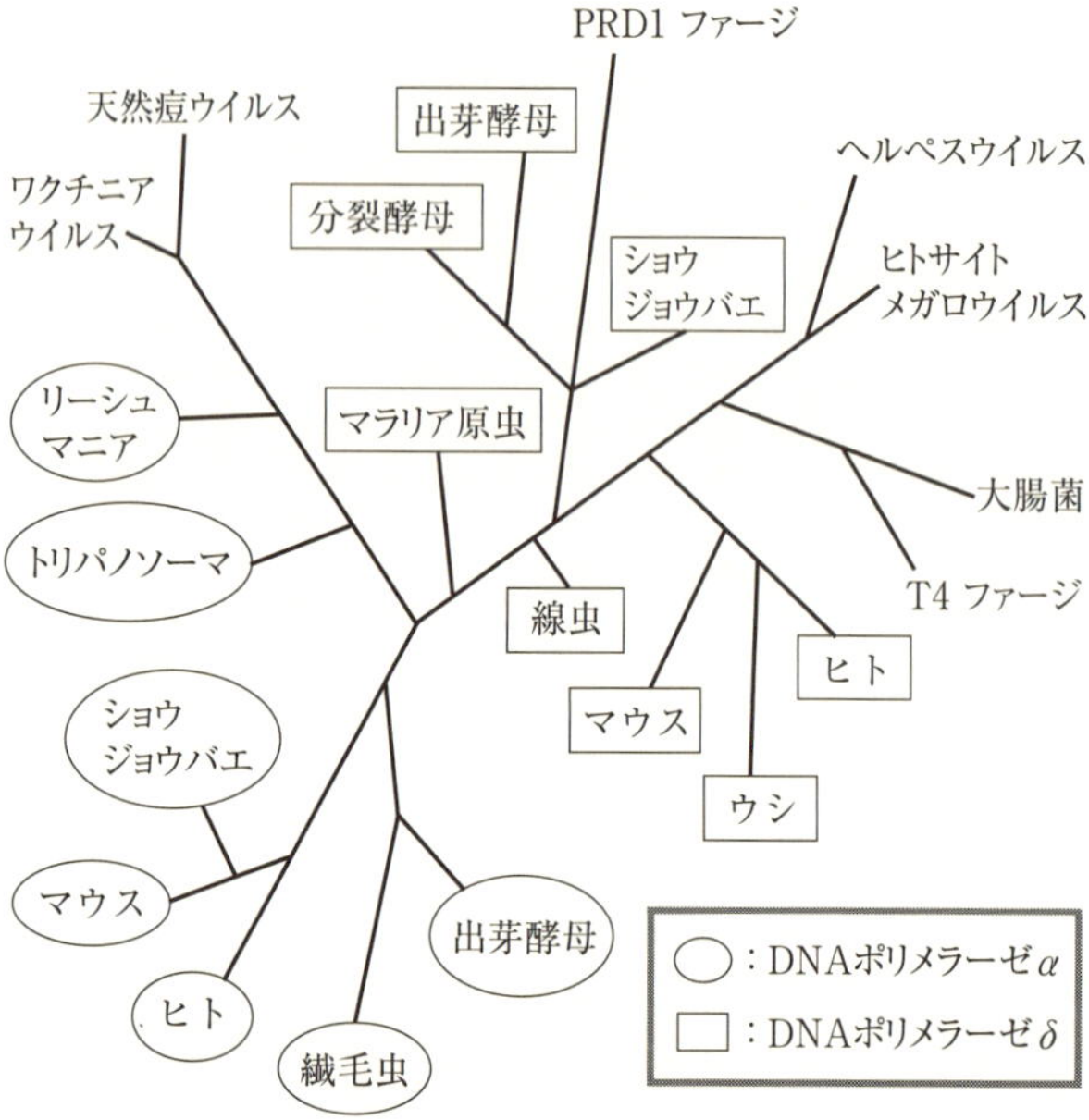


図 47　DNA ポリメラーゼの分子系統樹

分子系統上、それぞれ別グループを形成することは推測できていたが、こうしたα、δなどの種類に分かれていないウイルスのDNAポリメラーゼ——すなわちウイルスはDNAポリメラーゼを一種類しかもっていない——が、真核生物のDNAポリメラーゼαに近いものと、DNAポリメラーゼδに近いものに、それぞれ分かれることが分かったのである。

## DNAポリメラーゼαは〝共生〟したウイルス由来か

とりわけ重要なのは、数多（あまた）あるウイルスDNAポリメラーゼのうち、ポックスウイルスに含まれる二種のウイルス（天然痘ウイルスならびにワクチニアウイルス）のＤＮＡポリメラーゼだけが、真核生物のＤＮＡポリメラーゼαに近縁であることが分かったことだ。ポックスウイルス以外のウイルス（調べた限り）のＤＮＡポリメラーゼは、むしろＤＮＡポリメラーゼδに近縁であった（図47）。

このことがいったい何を意味するのか。そのカギはポックスウイルスという（ミミウイルスが〝発見〟されていなかった二〇〇〇年当時としては）世界最大のウイルスが握っていると思われたのである。

ポックスウイルスの生活環を思い出していただきたい（九一ページ参照）。

通常のＤＮＡウイルスは、宿主の細胞の細胞核の中にまで侵入してそこで〝増殖〟するが、ポックスウイルスだけはそうではなかった。細胞質で全ての過程を終えるということは言い換えれば、ポックスウイルスには宿主の細胞に細胞核が存在する必要さえない、とも言えるのではなかろうか。

じつに簡単な考察ではあったが、ＤＮＡポリメラーゼの分子系統樹の結果と、ポックスウイルスの特徴を総合して、筆者はある一つの仮説を導き出した。

私たち真核生物の細胞核は、それがまだなかった時代の細胞に感染し、〝共生〟関係を成立させたポックスウイルスの祖先（ＤＮＡウイルスの一種だろう）がもたらしたものであって、そのとき、DNAポリメラーゼαの祖先型遺伝子も一緒にもたらしたのではないか、という大胆な仮説である。

ここで、第六章冒頭で紹介した、クロレラとクロレラウイルスとの関係を思い起こしていただきたい。すなわちその〝共生〟関係をである。現在の生物界においてもそうした例が存在しているということは、過去にもそのような例があってもおかしくはない。

この仮説を論文にまとめ、米国で発行されている国際誌『分子進化ジャーナル（*Journal of Molecular Evolution*）』に投稿したのは二〇〇〇年一〇月のことだった（引用文献は Takemura M（2001）：巻末参照）。

同年八月には、カリフォルニア大学の微生物学者ルイス・ヴィラリールらが、もう一方のDNAポリメラーゼδ遺伝子は、ある種の藻類に感染するウイルスのDNAポリメラーゼ遺伝子に由来するとの仮説を発表していたので、ウイルスを含めたDNAポリメラーゼの分子系統学的解析という意味では後塵を拝してしまったが、彼らは細胞核との関連性までは議論していなかった（引用文献は Villarreal LP and DeFilippis VR（2000）：巻末参照）。

## ウイルスによる核形成仮説

投稿した筆者の論文「Poxviruses and the origin of the eukaryotic nucleus（ポックスウイル

スと真核生物の核の起源）」は翌二〇〇一年一月に正式に受理され、五月に掲載された。今だから告白するが、この論文が受理されるとはほとんど思っていなかった。DNAポリメラーゼだけを解析しただけだったし、分子進化研究のトレーニングもロクにしてこなかった筆者の突拍子もない論文など、そう簡単に受理されるほど世の中は甘くはないと思っていたからである。

だから、受理され、掲載された後に反響がほとんどなかったとしても、そのこと自体は、筆者を気落ちさせるようなものではなかったのであるが、ミミウイルスの発見後、その一翼を担った前出のフランスの微生物学者クラヴェリが、後に彼の総説論文（Claverie JM and Abergel C (2009)：巻末参照）の中で、「真核生物の細胞核とDNAウイルスとのつながりの可能性に最初に言及した論文」として筆者のこの論文を挙げてくれたことには、深い感慨を覚えたものだった。

筆者の論文が掲載されたわずか四ヵ月後に、オーストラリアのフィリップ・ベルという学者が、筆者の論文と同じ国際誌に、これまた筆者が考えたのとほぼ同じ〝突拍子もない〟仮説を提唱した論文を発表したことを知ったのは、だいぶ後になってからのことだ。

ベルの論文は、筆者のそれよりもはるかに緻密で、なおかつ説得力のあるものだった。ベルは、DNAポリメラーゼではなく、転写や翻訳に関わる遺伝子の分子系統学的解析により、真核生物の細胞核はDNAウイルスがもたらしたと結論づけ、その過程を「viral eukaryogenesis」という、響きがよく内容を端的に言い表した簡潔な言葉で表現したのである。「viral eukaryogenesis」とはすなわち、「ウイルスによる核形成」という意味である（引用文献はBell PJL（2001）：巻末参照）。

## 7－2　細胞核とＤＮＡウイルス

### 細胞核とＤＮＡウイルスの共通点

細胞核の形成、すなわち真核生物の誕生にＤＮＡウイルスが深く関わっており、むしろＤＮＡウイルスそのものが細胞核の起源となったのではないか。

解析した遺伝子や研究動機、研究背景は違っても、筆者とベルは時をほぼ同じくして、ほぼ同じ結論に達したのだったが、それでは、細胞核の起源がＤＮＡウイルスであるとするこの仮説（図48）は、はたしてどれくらい信憑性があるものだろうか。

細胞核とポックスウイルスには、いくつかの共通点がある。

第一に、ＤＮＡがタンパク質に「くるまれている」という点。細胞核のＤＮＡは、ヒストンというタンパク質が、ＤＮＡをくるむというよりもＤＮＡを糸巻きのように巻きつけるようにして

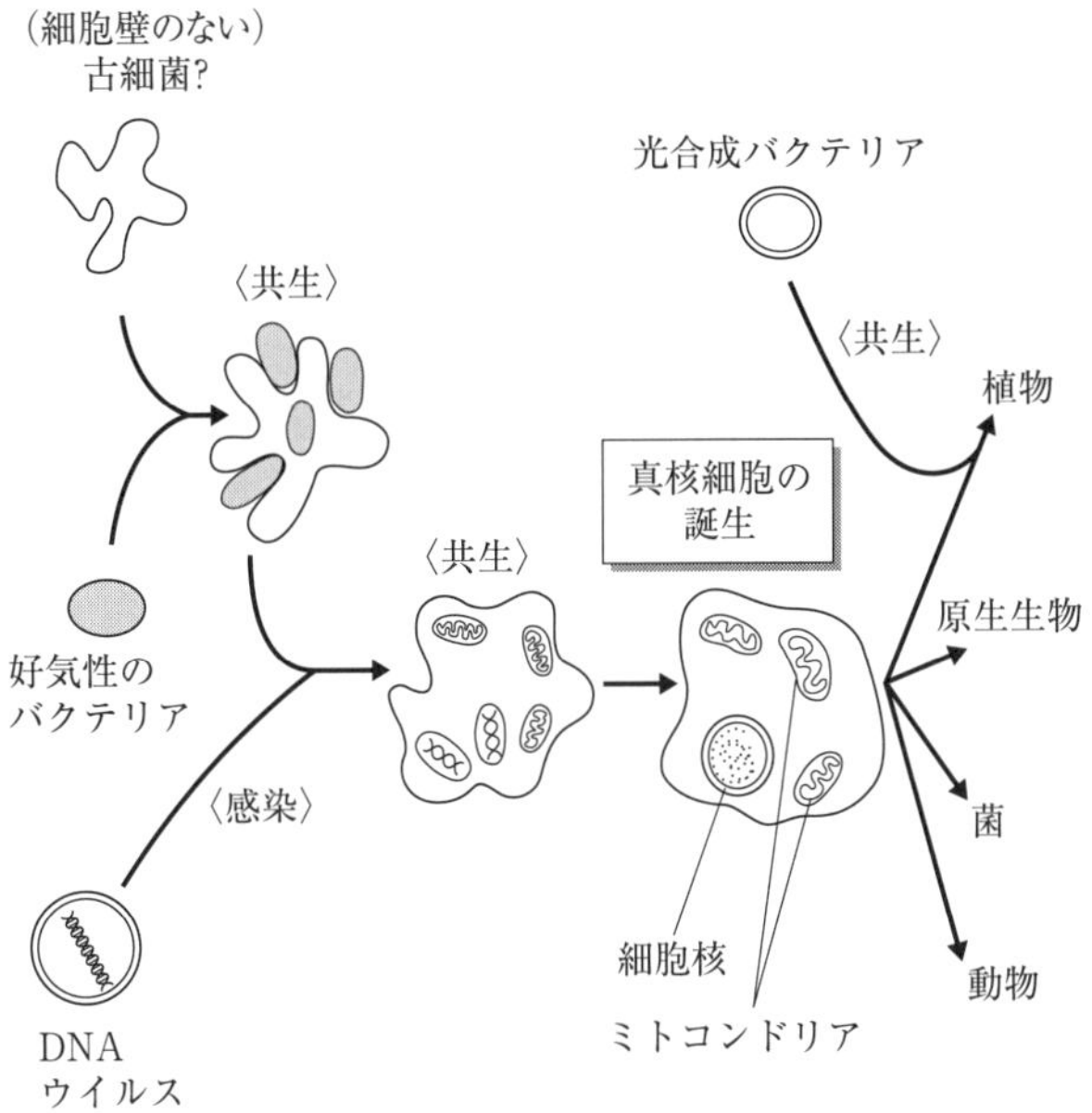


図48　ウイルスによる核形成仮説

存在し、「クロマチン」という構造を作っている。ポックスウイルスなどの複雑なDNAウイルスでは、カプシドの内側に「コア」という構造があって、コアタンパク質がDNAを「くるむ」ようにして存在している。もちろん、そのDNAとタンパク質との構造的関係は、両者では大きく異なるのだけれども、細胞核のない原核生物であるバクテリアでは、DNAは本当に〝裸〟のままで存在し、DNAをくるんだり巻きつけたりするようなタンパク質をもたないので、それよりは近い関係にあると言える。

第二に、「自分自身ではタンパク

質合成装置をもたない」という点。ウイルスは言わずもがなのこと、細胞核の場合でも、タンパク質合成装置は細胞核の外側、すなわち細胞質にあるので、細胞核自身もまたリボソームはもっていないと言える。

第三に、「膜で囲まれている」という点。ただしこれは、細胞核をもたないバクテリアでも言えることなのでそれほど説得力はないが、先に述べたような「ウイルス工場」の形態的特徴というものも考慮に入れると、「膜に囲まれている」というのはある程度、細胞核とウイルスとの共通点を言い表していると言えるだろう。

第四に、「DNAの末端がループ状になっている」という点。真核生物もポックスウイルスも、直線状のDNAをもち、その末端がくるっとループ状になっていることで保護されている。真核生物の場合、これを「テロメア・ループ」という。

このように、信憑性なるものを問われると、あくまでもこれらの状況証拠しか現段階では明らかにすることはできないので、科学的には証明も難しく、「極めて高い！」と声高に言うことはできない。

ベルは、「ウイルスによる核形成」仮説によって、多くの真核生物に「性」が存在する理由、その起源を明確に説明できるとしているが（引用文献は Bell PJL（2009）：巻末参照）、本当のところはまだ分かるまい。外堀を埋めていく、より多くの努力が求められよう。

## ウイルス的な細胞核

最後にもう一つ、上記仮説の信憑性を高めてくれる状況証拠をご紹介しよう。

数多くの「普通の人」の中に「変人」がいるように、細胞核にも「変わりもの」がいる。植物の中でも原始的なものに「紅藻」と呼ばれる藻類がいる。おもに海に生息する多細胞生物だが、まれに単細胞のものもいる。

多細胞生物とはいっても、私たちヒトや、陸上植物のように複雑な体をしているわけではなく、顕微鏡で見ると細胞が縦に一列並んでいるといった程度の、ごく単純な形をしている。

この紅藻で、じつにその〝変人〟細胞核が見つかった。

なんとその細胞核、細胞から細胞へと移動してしまうのである。細胞の遺伝的支柱であるはずの細胞核が別の細胞へ移動してしまうとは、お笑いの世界かとも思ってしまうが、当事者たちはいたって真面目なのだ。

紅藻には、面白いことに、他の紅藻に「寄生」するものがあることが知られており、この寄生性の紅藻が、自らの細胞核（じつは二個もっており、そのうちの一方）を、宿主の紅藻の細胞内に注入するのである（引用文献は Goff LJ and Coleman AW（1995）：巻末参照）。まるで、バクテリオファージが自らのＤＮＡを宿主のバクテリアに注入するように！　そして、あたかもその細胞

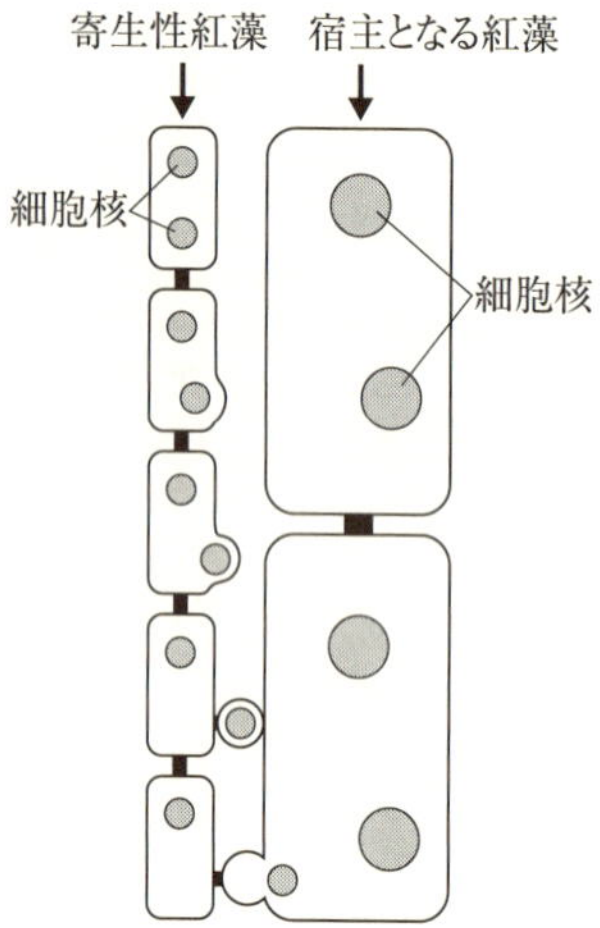

図49　寄生する紅藻（出典：Goff LJ and Coleman AW (1995) Fate of parasite and host organelle DNA during cellular transformation of red algae by their parasites. *Plant Cell* 7, 1899-1911.）

核を「感染」させるかのように！（図49）。

つまり「感染」するのはウイルスではなく、れっきとした生物である紅藻の、片方とはいえその「細胞核」なのである。

一つの例外が全てを説明するということはなく、またある意味、穿った見方ではあるけれども、こうした〝感染（寄生）性の細胞核〟の存在は、細胞核とウイルスの共通性を彷彿とさせる。〝感染できる〟という性質は、細胞核とウイルスの「第五の共通点」であると言えるのかもしれないのだ。

いったいウイルスとは何者なのだろう？

もし細胞核の祖先がウイルスだったとするならば、生物の成り立ちにおけるウイルスの重要性に、格段の重みをもたせることになろう。しかしはたして、本当にそうなのだろうか？

本書もいよいよ最後に近づいた。

エピローグでは、ウイルスとはいったい何者なのか、という古来の疑問に関する筆者の卑見と、いくつかの生物学者の主張を紹介し、読者諸賢のウイルスに対するイメージの転換を企ててみることにしたい。

# エピローグ

# 結局、ウイルスとは何なのか

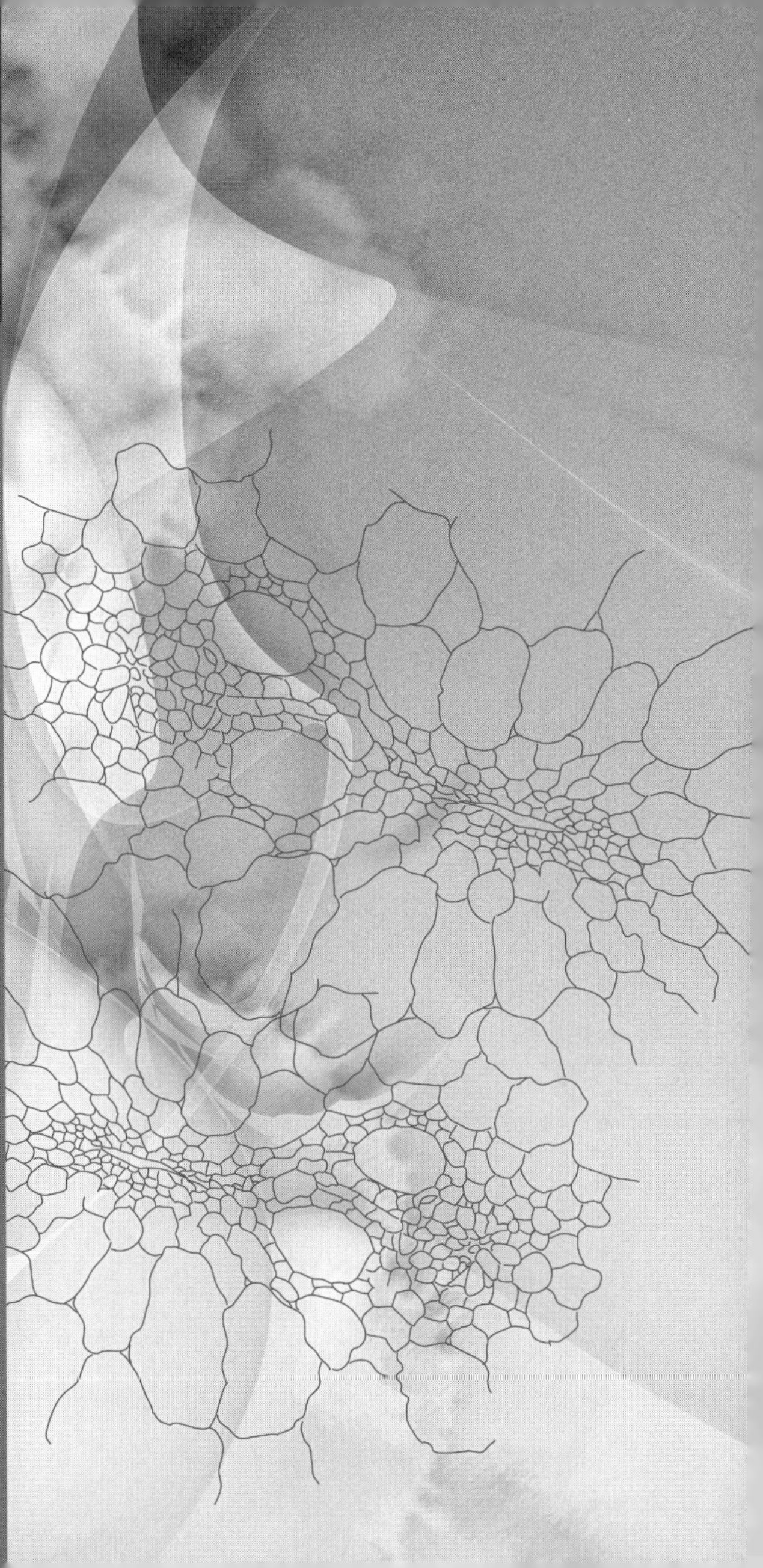

## さらに巨大なウイルスの発見

生物をめぐる定義には、常に大きな問題がつきまとう。

何をもって生物であると言えるのか。何がなければ、生物ではあると言えなくなってしまうのか。そしてさらに大きな問題としての、いったい誰が、どういう証拠をもって、それを生物と言おうとしたのか。

ウイルスもまた然りである。

ウイルスのもつ壮大な定義が変化するとき、生物を見つめる人々の目は、おそらく大きく変わっていくことになるだろう。

その一歩となるかもしれない「核の起源＝ＤＮＡウイルス」とする仮説は、しかしながら、もしそのまま何かしらの新しい発見がなければ、たとえベルの努力をもってしても、単なる異端として進化生物学者の脳の片隅にも残らなかったかもしれない。

だが、やはり「契機」が訪れた。「ミミウイルス」の発見である。

すでに述べたように、ミミウイルスには、それまでのウイルスにはない重要な特徴が備わり、複製、転写、翻訳という「生命のセントラルドグマ」と称されるタンパク質合成の各ステップに関わる重要な遺伝子の多くを、自前で用意できることが分かった。

ミミウイルスは世界で最も小さな生物として知られるバクテリアの一種「マイコプラズマ」よりも大きく、複雑な構造をしている可能性をも示された。事実、ミミウイルスの保有する遺伝子の数はゆうに九〇〇を超え、最小のマイコプラズマの遺伝子数（五二五個）を完全に凌駕している。

二〇一一年には、そのミミウイルスよりもさらに巨大なウイルスを、チリの海岸から採取した海水中から発見したという論文が、やはりフランスのクラヴェリらによって、アメリカの科学誌『PNAS（アメリカ国立科学アカデミー紀要）』で発表された（引用文献はArslan D et al.（2011）：巻末参照）。

「メガウイルス」と名づけられたこのウイルスは、そのゲノムサイズが一・二六メガベースもあり、少なくとも一一二〇種類のタンパク質をコードしている。そのおよそ二三パーセントは、ミミウイルスにも存在しないタンパク質のようだ。

メガウイルスは、ミミウイルスよりも大きいとはいっても、ゲノムサイズからも分かる通り、顕微鏡的にはそれほどミミウイルスとも変わらない大きさだ。しかしながら、ミミウイルスに存在する「アミノアシルｔＲＮＡ合成酵素」（一六九ページ参照）は全てもっているのみならず、ミミウイルスには存在しないアミノアシルｔＲＮＡ合成酵素をもっているなど、「ミミウイルス＋α」的な特徴をもつウイルスであることが分かっている。

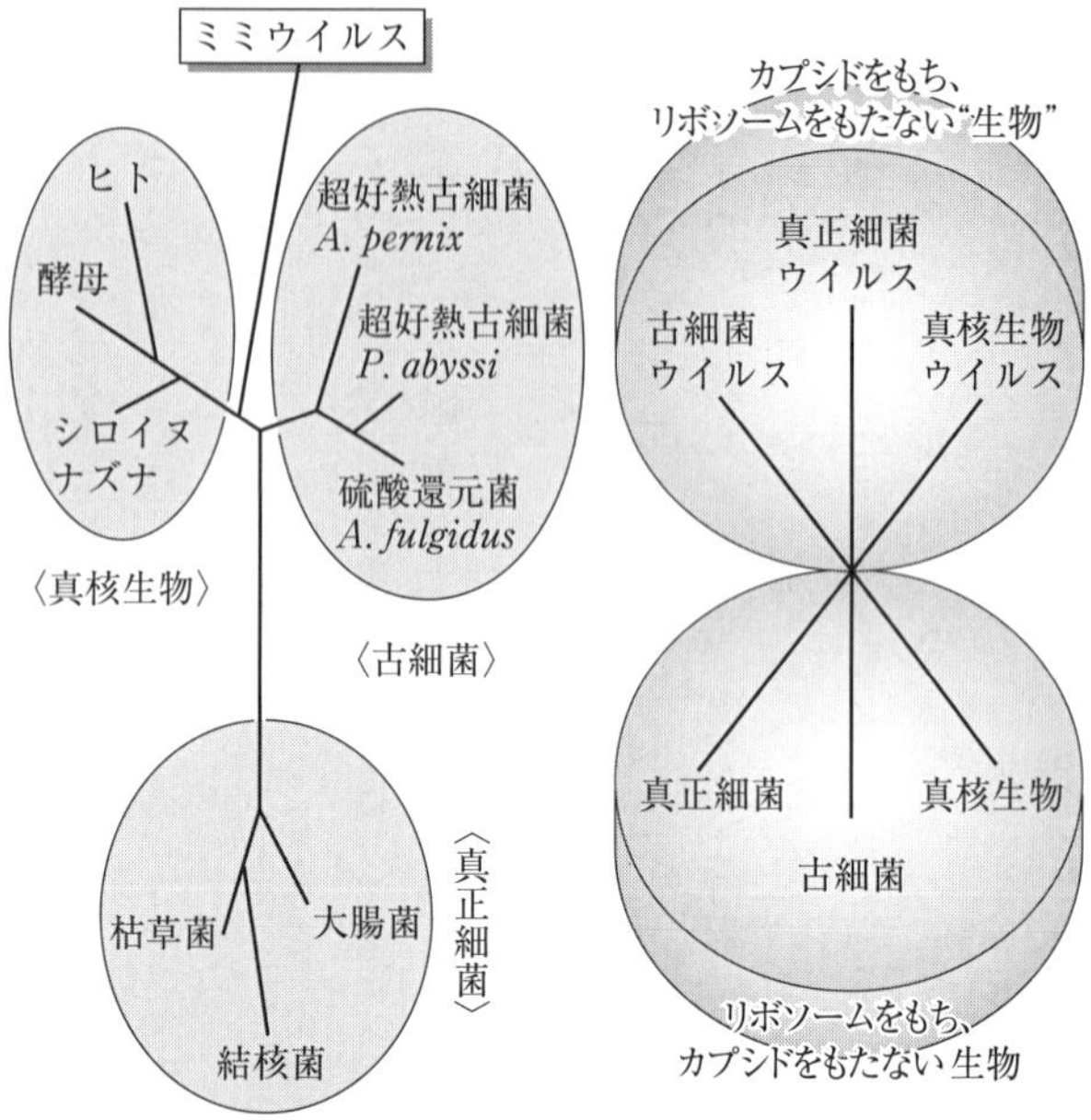


**図50　新たな概念の提案**（左図出典：Raoult D et al.（2004）The 1.2-megabase genome sequence of mimivirus. *Science* 306, 1344-1350より改変．右図出典：Raoult D and Forterre P（2008）Redefining viruses : lessons from mimivirus. *Nature Rev. Microbiol.* 6, 315-319より改変）

クラヴェリらが科学誌『サイエンス』に発表した研究によれば、ミミウイルスの分子系統学的な関係を他の「生物」と比較した解析で、ミミウイルスが私たち真核生物の誕生よりも前に進化したことを示す結果が得られた（引用文献はRaoult D et al.（2004）：巻末参照）（図50左）。これが本当かどうかを含めて、これら巨大ウイルスが発見されたからといって、細胞核の起源がDNAウイルスであるとする直接の証拠となるわけではないが、こうした巨大ウイルスがこれまでのウイルスとは違う、何か奥の深い、失われた記憶のようなものを保持していて、私たちの存在する生物の世界に、新しく極めて重要な「一本の道」を作りはじめていることは想像に難くない。

その道は、メガウイルスやミミウイルスが、真核生物、真正細菌、古細菌に次ぐ「第四のドメイン（超界：三四ページ参照）」として認識されるようになる道なのかもしれないし、ウイルスの起源に関して、やはりウイルスはもともと細胞だったものが種々の機能を失って生じたものだったとする、第一の仮説を強力に支持する道なのかもしれない。

ミミウイルスを発見したラウールらは、二〇〇八年、生物の新たな分類法を提案した（図50右）。生物というよりも「生命体」とややぼかして呼んだほうがいいかもしれないこの分類法は、「生命体」を「カプシド」を作るものと「リボソーム」を作るものに大別するもので、前者がウイルスであり、後者が現在でいう生物（真正細菌、古細菌、真核生物）である（引用文献はRaoult D and Forterre P（2008）：巻末参照）。確かに興味深い視点ではあるが、反対意見も存在する。険しいけれども、新たな議論を巻き起こし、科学の底力を見せつけるための、意義のある道かもしれない。

「一本の道」の正体は現段階では不明だが、いずれは、どの道に灯りがともされるのかが分かってくる。ウイルスに関するパラダイム・シフトは、そのときになって、私たちの目の前で大きなうねりを起こすことになるだろう。

## ウイルスと生物との境界線はなくなるかもしれない

普通感冒をはじめとしてインフルエンザや天然痘、エボラ出血熱、エイズなどさまざまな病気を私たちにもたらす厄介な存在であるにもかかわらず、じつは私たち生物の進化になくてはならない存在だったであろう、ウイルス。

現在のウイルスの中には、宿主である生物に病気を起こすでもなく、潜伏感染するヘルペスウイルスのようにただじっと宿主細胞の中でうずくまっているでもなく、生物たちとうまく「共生」（共に生きること）しているウイルスもいる。

ある種の寄生バチ（チョウやガの幼虫に卵を産みつけるハチ）の体内には、今からおよそ七四〇〇万年前から、ＤＮＡウイルスの一種「ポリドナウイルス」が「共生」している。このウイルスが卵とともにチョウやガの幼虫に産みつけられると、幼虫の免疫系を抑えるタンパク質を作り出し、寄生バチの卵が幼虫の免疫系によって排除されるのを防いでいるのだという。さらにこのウイルスは、幼虫のホルモンバランスを崩すことによって、それが成虫へと変態するのを防ぐため、寄生バチの子どもはいつまでも、もくもくと幼虫を食べ続けて育つことができるのだという（山内一也著『ウイルスと地球生命』岩波科学ライブラリー、二〇一二年より）。

生物と共生しているこうしたウイルスを知ると、「ウイルスは生物ではない！」と断言することなど、とてもできないように思えてくる。

いったいウイルスとは何者なのだろう？

前出のヴィラリールは、「複雑に絡み合ったクモの巣のような〝生命の網〟からウイルスを除外してしまうと、種の起源や生命の維持におけるウイルスの貢献が認識されなくなってしまうかもしれない」と述べて、私たちはウイルスへの認識を改める必要があると強調する（ヴィラリール「ウイルスは生きているのか」『日経サイエンス』二〇〇五年三月号、46〜53ページより、翻訳協力：古川奈々子）。

そうなのだ。

生物学者、いやとりわけ進化生物学を専門とする学者たちの間で、ウイルスの重要性というのはすこぶる低いものだった。なにしろウイルスは〝生物ではなかった〟わけだから。

しかし、さまざまな異形のウイルスたち、さまざまな生きざまを見せつけるウイルスたちが発見されつつある今だからこそ、改めて問わなければなるまい。

いったいウイルスとは何者なのだろう、と。

酵素とウイルスの合成制御に関する研究で後にノーベル生理学医学賞を受賞するフランスの微生物学者アンドレ・ルヴォフ（一九〇二〜一九九四）は、一九五七年、ウイルスとは次のようなものであるとした（引用文献はLwoff A（1957）：巻末参照）。

① ウイルス粒子の一辺のサイズが最大で二〇〇ナノメートル以下である。

② 核酸を一個（種類）だけもつ。

③ エネルギー産生に関わるシステムを持たない。

④ その増殖は、ほぼ核酸の複製と同義である。

半世紀以上も前の定義で、筆者によるかなりの意訳なので、最新の研究成果をこれにあてはめるには無理があるが、敢えてこれをあてはめると、少なくとも①に関して、ミミウイルスやメガウイルスはウイルスの定義から大きくはずれる。ミミウイルスが発見されるまでは世界最大のウイルスだったポックスウイルスでさえ、①にあてはまるかどうかは微妙だろう。

定義など更新していけばよい、という考え方もある。

①の二〇〇ナノメートルというのを、たとえば一マイクロメートル（一〇〇〇ナノメートル）に変えればよいではないか、と。

『生物学辞典』（石川統ほか編、東京化学同人、二〇一〇年）には、ウイルスとは「宿主生物の細胞内にいないと増殖ができないが、遺伝子としてDNAあるいはRNAをもち、構造タンパク質によって一定の粒子形態をもつものをさす」などと書かれているが、そのサイズに関する言及はない——ただし、電子顕微鏡でなければ見えないとの記述はある——。

しかしここで、「一定の粒子形態をもつもの」という記述が指し示すウイルスの形態に対して、ある興味深い考え方が提唱されているので、最後にご紹介したいと思う。

## ウイルス粒子と生殖細胞

いくら大きくても、宿主の細胞の中でないと増殖ができなければ、自立的（自律的）に複製、代謝を行っているとはみなせない。いくら図体が大きくても、生物らしさが存在しなければ生物ではない、という考え方もあろう。しかし、ウイルスの場合、ことはそう単純ではない。先に引用した『生物学辞典』の記述にも「限りなく生物に近い物質」とあるように、ウイルスの振る舞いを巨視的に眺めてみると、そこにはある程度の「生物らしさ」が見て取れるからである。

ウイルスという存在は、哲学的な議論を活発化させる傾向にあるが、それを元手にして生物進化という、これもまたある意味で哲学的な人類共通の課題に対する解答へのヒントを与えてくれる存在である、というのも事実だろう。

その一例が、ウイルスの「粒子」と、私たちの生殖細胞との対比である。

先の『生物学辞典』の記述において「一定の粒子形態をもつもの」とわざわざ記してあるのはなぜか。それは、ウイルスの生活環には、宿主の細胞の中に感染している状態と、細胞から放出された後、空気中などに存在している状態など、複数の〝ステージ〟があるからである。このうち後者のステージ、すなわち空気中に浮遊したり食物についていたりする場合のウイルスの形態を「ウイルス粒子（virion）」と呼ぶのである。

たとえばレトロウイルスは、細胞の外で、ウイルス粒子として存在している状態と、宿主の細胞に感染し、自身のRNAを複製したりタンパク質を合成したりしている状態、そしてプロウイルスとして宿主の細胞のゲノムの中に入り込み、じーっとしている状態という具合に、ざっと見た限り、これだけの異なる形で存在しているのである。

ここで、疑問が生じるわけだ。

いったいどれが、ウイルスの本当の姿なのだろうか、と。

すなわち、私たち多細胞生物における「個体」と「生殖細胞」との関係が、「宿主の細胞に感染して増殖しつつある状態のウイルス」と個々の「ウイルス粒子」との関係にたとえられるように見えるのである。

私たちの場合、世代から世代へと伝わるのが「生殖細胞」である。その世代交代を実現するために、生殖細胞は、多くの体細胞から成る個体を作る。多くの体細胞から成る個体は、生殖細胞が世代交代を行うための〝器〟であり、〝家〟であり、自身が操縦する〝ロボット〟であるとみなすことができる——イギリスの生物学者リチャード・ドーキンスの「自己複製子の乗り物（ヴィークル）」に似た

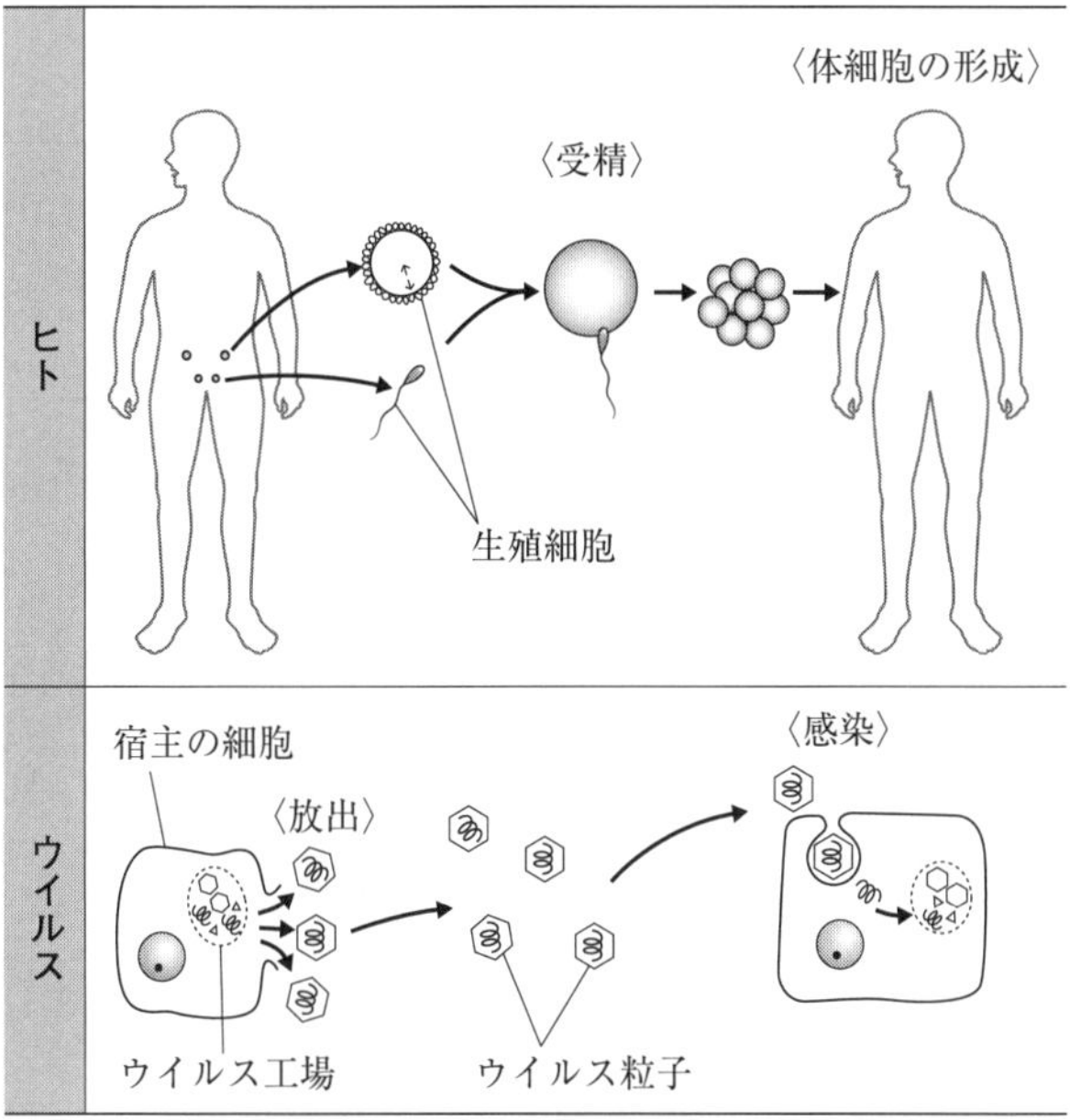


図51　ヒトとウイルスの「世代交代」

表現だが、考え方は異なる――。

一方ウイルスの場合、世代から世代へと伝わる（部分に該当する）のが「ウイルス粒子」である。その世代交代を実現するために、ウイルス粒子は、宿主となるべき細胞に感染する。ウイルス粒子が感染した細胞もまた、ウイルスが世代交代を行うための〝器〟であり、〝家〟であり、〝工場〟なのである、と（図51）。

これは、生物学的現象を題材としたアナロジーに過ぎないといえば、おそらくそうだろう。現段階では、生物学的な議論ではなく、哲学的な議論の上にあると言える。ただそうなると、見方を変えれば世界の全体像が異なってくるという哲学的な〝常識〟は、ここでも通用するはずである。

おそらく賢明な読者諸賢であれば、「どれがウイルスの本当の姿なのか」という問いを発するということが、そのまま、「どれが私たち多細胞生物の本当の姿なのか」という問いを発することと同じであることに気づかれるに違いない。

## 生物の本当の姿、ウイルスの本当の姿

本当の姿とは?

私たちヒトが「個人」を表現する場合、私たちのこの、今あるこの「個体」を指すことは常識だ。

しかし、考えてみていただきたい。そもそも私たちの祖先は単細胞生物だった。

単細胞生物は、分裂することでその数を増やしていく。言い換えると、単細胞生物の「生殖」すなわち「世代交代」は、細胞そのものの分裂であるから、彼らの「本当の姿」というのは、まさに「細胞そのもの」とみなすことができる。

では多細胞生物はどうだろう。多細胞生物の世代交代は、生殖細胞と呼ばれる特殊な細胞によって行われることになっている。単細胞生物だった頃の〝仕事〟をそのまま受け継いでいるの

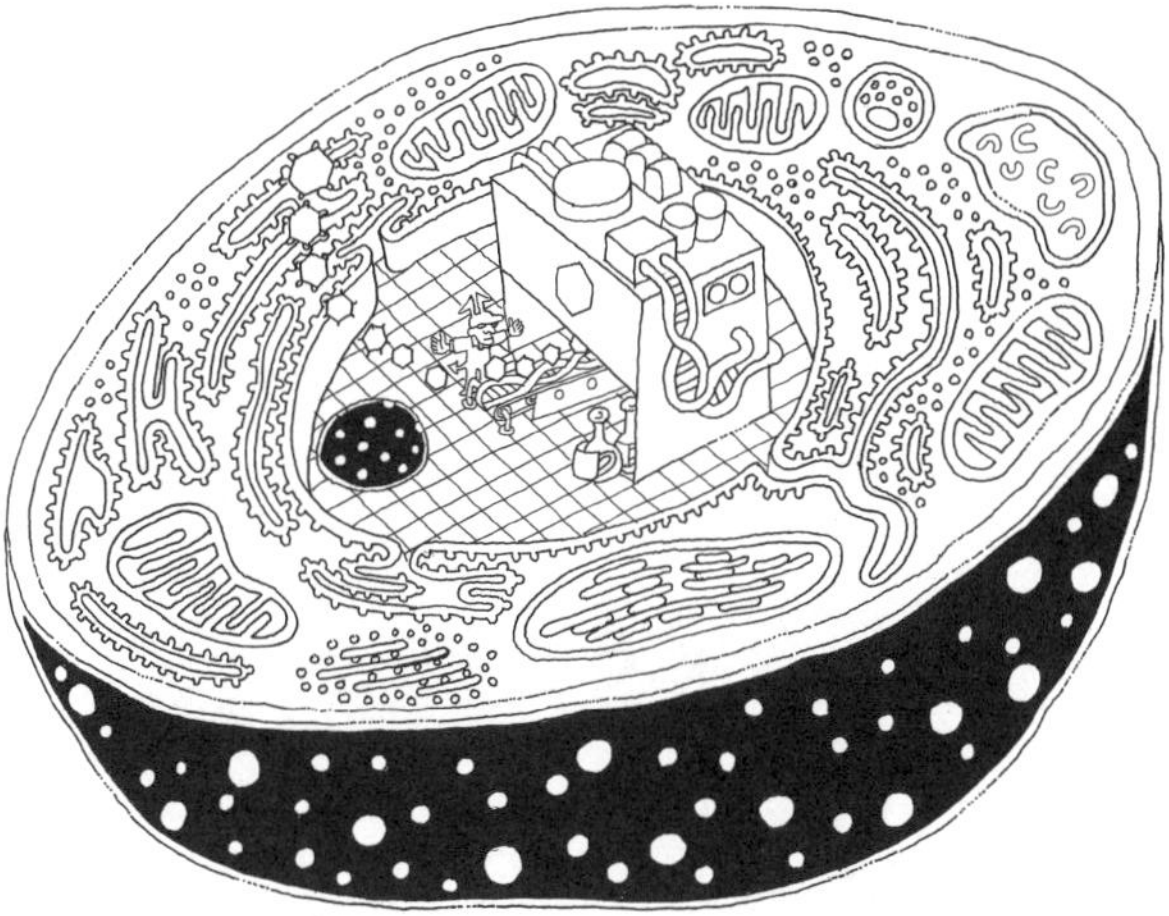

細胞に感染している状態こそが、ウイルスの本当の姿？

は、じつは生殖細胞なのである。それ以外の細胞である「体細胞」は、先ほども述べたように、生殖細胞の保護、もしくは生殖細胞同士の受精を効率よく行うために編み出されたものに過ぎない。

そう考えると、多細胞生物の「本当の姿」は、じつは「生殖細胞である」と考えたほうがよいのではないか。

私たちは、私たちヒトの本当の姿は今ある「この体」だと思っていたけれども、じつは精子と卵――とりわけ卵――のほうが、ヒトの「本当の姿」と呼ばれるにふさわしい存在なのではないか。

逆の考え方では、空間に漂うウイルス粒子を、私たちはウイルスの「本当の姿」だとずっと思いこんできた。しかし、ウイルスの増殖は必ず宿主の細胞の中で行われることを考えると、「ウイルス粒子」よりもむしろ、宿主の細胞に感染し、その中で作られつつある「ウイルス工場の状態」こそが、じつはウイルスの「本当の姿」なのではないかとさえ思えてくる。

いったい、何が「本当の姿」なのか。

多細胞生物でも分からないし、ウイルスでも分からない。

ウイルスの「粒子」が、ルヴォフによる四つの定義にあてはまらなかったからといって、本当にウイルスを「生物ではない」とみなしてよいのかどうか、じつは誰にも分からないのである。

## ウイルスが生きる世界と、生物が生きる世界

ウイルスが生きる世界と、私たち生物が生きる世界は、平行して存在していると言える。両者は平行して存在するが、お互いに関連している。関連するどころか、ウイルスの世界の住人たちと、生物の世界の住人たちは、お互いにひっついたり離れたり、感染したり根絶したりといった関係を、常に維持し続けてきた。

ただしその関係は、お互いに何らかの意図的な方向性をもって存在していたわけではない。生物とウイルスの長い進化の過程で、お互いに無知覚的にそうした生物学的関係をもつように至った、その当然の帰結として、生物間相互作用などと同じく、一方が一方に対して消費者的な行動

に出たり、あるいは犠牲者的な運命を担ったりということが起こってきた。

筆者が言いたいのは、ウイルスは生物のことなど知らないで、ただそこに、私たちが「細胞」と呼んでいるものが厳然としてあって、その中に入り込んでただ増殖しているだけであり、何の他意もないということである。

ウイルスを悪魔か何かのように恐ろしげな顔がついた爆弾のように表現することがあるが、彼らは悪魔ではないし、もちろん神でもなく、ただ自分たちの世界を精一杯生きているだけの存在なのである。

イタリアの絵本作家レオ・レオーニ（一九一〇〜一九九九）に『平行植物』という作品がある。この本に登場する架空の植物群は、「生物圏内の領土で繰り広げられる生長と腐朽の絶え間ない争いから不思議なほど遠ざかっている」ために、「通常の知覚領域や記憶の連合と連鎖の外側でわれわれの理解を越えた」方法によって、私たちの前にその姿を現すのだという（レオーニ著『平行植物』宮本淳訳、ちくま文庫、一九九八年、一七ページより）。

この植物たちは、「時空のあわいに棲み、われらの知覚を退ける」とされる。つまり、私たちの世界の同じ住人でありながら、私たちには知られることのない〝どこか分からない場所〟で、自らの生を謳歌しているのである（図52）。ウイルスとは異なり、その存在は私たちにとって、有利でもなければ不利でもないわけだが、しかしもし私たちがこうした奇妙な植物群の存在を科

図52　平行植物。オオツキヒカリというこの代表的な平行植物は、「ふつうの環境のなかでは、暗闇のなかで交差するおぼろげな光と奇妙な空間との相互作用によって全体が星雲のようにしか見えない」という（出典：レオーニ,『平行植物』, 宮本淳訳, ちくま文庫, p.247）

学的手法でもって知覚し、認識し、理解するようになってしまったら、何かとんでもなく恐ろしい現実を巻き起こしてしまわないとも限るまい。

ウイルスに対し、私たちヒトはまさにそうした〝過ち〟を犯してしまった。

私たち生物、とりわけヒトはその存在を知ってしまったがために、いろいろと思い患わなければならなくなった。なぜ、彼らはそこにいて、私たちは彼らに苦しめられなければならないのだろう、と。

そして私たちは、まず「病原体」としてのウイルスを知ってしまったがために、ウイルス本来の生物学的存在性について、目を見開こうとしてこなかったのである。

しかし今、ウイルスの世界は私たちの目の前で、大きく切り拓かれようとしている。科学者たちは、新たな思いをもって、ウイルスたちに相対する時代になってきたのだ。

いったいウイルスとは何者なのだろう、と。

その新たな思いが、生物の進化、そして「生物とはいったい何なのか」という難問への解決の糸口となったうえで、今後の生物学、医学、そしてウイルス学の発展を少しでもよい方向へと向かわせてくれることを、筆者はひたすら願い、期待しているところである。

## コラム3 役に立つウイルスたち(その3)
### ~食品分野で用いられるウイルス~

私たちは毎日、ウイルスを食べている。

そう聞いたら、読者諸賢はどうお感じになるだろう。目に見えず、どこにでもいるウイルスだから、結局のところ、私たちは知らず知らずのうちに大量のウイルスを〝食べて〟いるはずだから、それだけなら驚くことではないかもしれない。しかし、意図的に、わざとウイルスを食べることが日常的になるかもしれない、という話が存在することを知ったらどうだろうか。

といっても、「おい、このコロナウイルス、なかなかイケルぜ」「こっちのタバコモザイクウイルスも、タバコっぽくてスモーキーな味があってステキ……」などの会話が成立するような食し方でないことだけは断言できる。

食べるのは、「バクテリオファージ」と呼ばれる、バクテリアに感染するウイルスである。第二章でも増殖過程をご紹介した。これがソーセージやハムの中に練り込んである。だから、ヒトが食べるのは正確にはウイルスではなく、「ウイルス含有食品」ということになる。

すなわち、ウイルスは「食品添加物」なのである。ウイルス(バクテリオファージ)はバクテリアに感染してこれを殺すから、食中毒のもとになるバクテリアの繁殖をウイルスが防いでくれることが期待されているのだ。

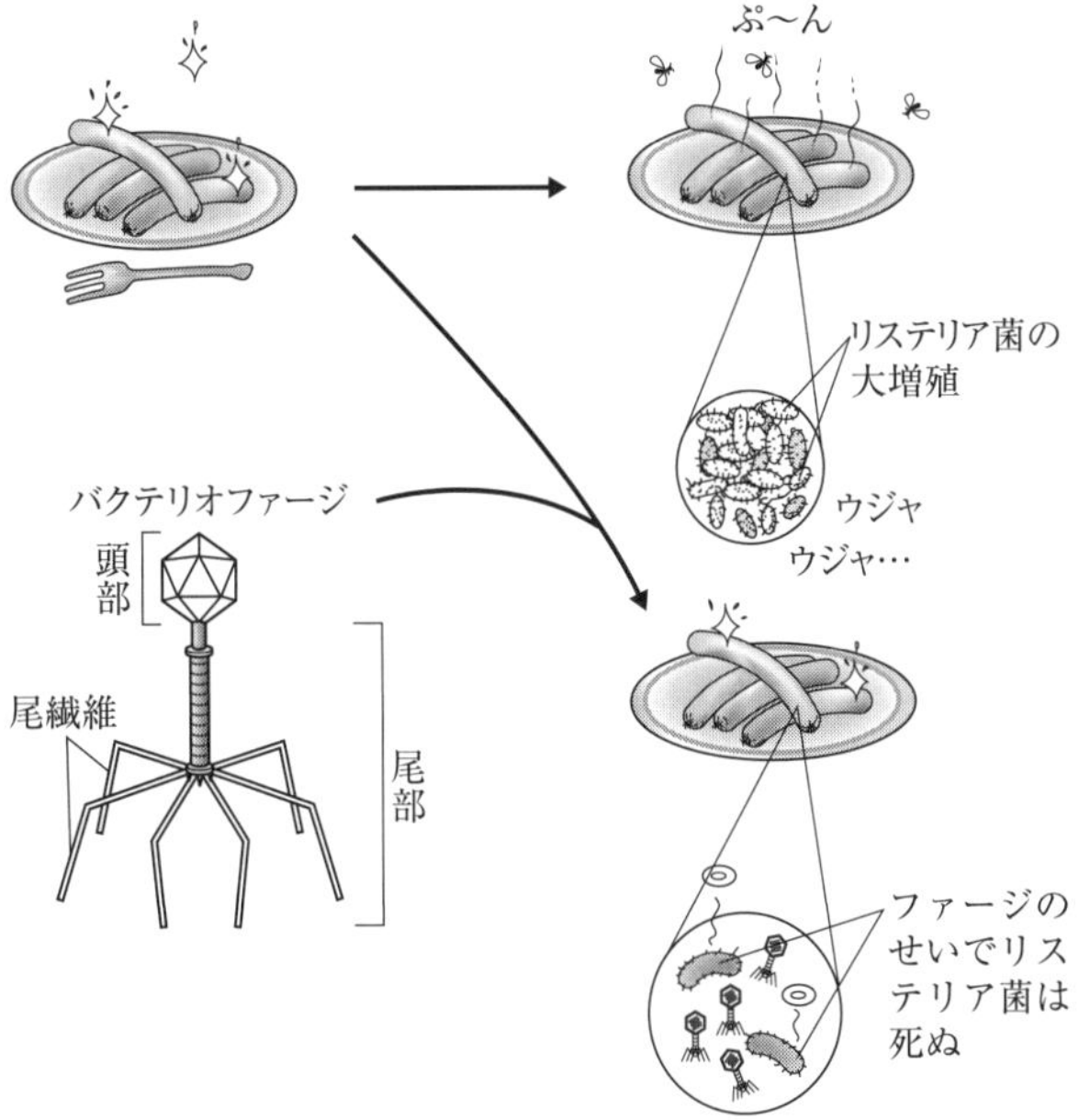


図53　バクテリオファージという斬新な食品添加物

この〝斬新な〟食品添加物は、二〇〇六年にアメリカでFDA（食品医薬品局）による認可がなされた。ハムやソーセージに、食中毒を起こす代表的な細菌（リステリア菌）に感染するバクテリオファージを包装前に添加することで、これら肉製品の腐敗が防げるというものだ（図53）。

バクテリオファージだからヒトには感染しない。食べても、胃の強い酸性条件では死んでしまう。また、このバクテリオファージはリステリア菌には感染するが、ヒトの腸内細菌には感染しない。以上のことから、「まあいいでしょう」というお墨付きが得られたものであろう。

バクテリオファージをバクテリア増殖の封じ込めに使うというアイディアは、もともと「ファージ療法」という方法で、医療分野で用いられていた。抗生物質の開発、発展とともに廃れていったが、近年、抗生物質でも死なない、いわゆる「耐性菌」の問題が生じると、再び注目を集めるようになっており、ヨーロッパではすでに臨床試験も行われている。

# おわりに

またぞろ手前味噌な話で恐縮だが、筆者が講談社からブルーバックスを上梓するのは、はやいもので本書が四冊目となった。

これまでの三冊を概観すると、『DNA複製の謎に迫る』（二〇〇五年）ではDNAが、『生命のセントラルドグマ』（二〇〇七年）ではRNAが、そして『たんぱく質入門』（二〇一一年）ではタンパク質が、それぞれの〝主役〟となり、くしくも分子生物学でいう「セントラルドグマ」の三つの〝主役〟物質に関する入門書を出してきたということになる。

DNA、RNA、タンパク質ときたら次は何か？

編集者である中谷淳史さんと話していて、すったもんだした挙句、「ウイルスの入門書」ということに落ち着いたのは、二〇一一年の一〇月末のことだった。

ウイルスの入門書だったら、ウイルス学の権威といわれる先生方に書いてもらったほうがよいのではと思うわけだが、そこはそれ、筆者独自の視点から、ウイルスの新しい知見について紐解いていくという方向性のほうがよかったらしい。

筆者独自の視点とはいったい何か。DNA複製か、セントラルドグマか、生物教育か。それとも、妖怪か、ろくろ首か！
そんなことを考えているうちに、筆者が関わったウイルスに関する過去の研究が、筆者の脳の奥深くに存在する記憶装置から、忽然と再び姿を現したのであった。

二〇〇四年七月、「細胞核の起源」に関する国際会議において、三つの仮説が示されたそのうちの一つが、「細胞核はウイルスに由来する」という、私とオーストラリアのベルが二〇〇一年、時をほぼ同じくして提唱した仮説だった（第七章参照）。ちょうど、ミミウイルスだのメガウイルスだのと、奇妙な巨大ウイルスが出現（エマージ）しはじめてきた今、これを「筆者独自の視点」にすべきではないのか？

筆者だって、しょっちゅう風邪をひく。インフルエンザにかかったこともある。いつもウイルスに苦しめられている一人である。

しかし、一応「生物学者」なるものを標榜して仕事をしている限り、ヒトの単なる敵としてのみウイルスを見るというのは許されることではない。

したがって筆者としては、自らが関わった「生物進化とウイルス」という視点を前面に出し、「ウイルスとは何か」に関する生物学者としての立場から見た新しいウイルス観を出すとともに、入門書としての体裁をも維持しようという、いささか度を超えたずうずうしさでもって、本書を書きあげたのであった。

実際、こうした視点での〝ウイルス本〟——読み物風の翻訳本は別にして——はそう多くはない。二〇一二年になって、わが国のウイルス学の権威のお一人である山内一也氏の最新刊『ウイルスと地球生命』(岩波科学ライブラリー、二〇一二年)が出たが、おそらくそれくらいであろう——本書でもいくつか引用させていただいた——。


ウイルスは、難しい。イメージするのも難しいし、研究するのも難しい。自然界でのその位置付けを明確にするのは、ウイルスを専門とする研究者でさえ難しい。

というわけで、本書に書かれていることは、すでに証明された事実である部分と、まだ証明されていない仮説の域を出ていない部分、さらに筆者の考えにいささか偏った仮説の部分の、大きく三つに大別される。全てが事実として確定したことではない。

とりわけ第七章とエピローグでご紹介した多くの仮説は、ウイルス学者の間でも議論が二分されるポイントだ。ミミウイルスなどの巨大ウイルスを生物に含めたいと考える人たちと、それに反対する人たち、という図式が主であって、議論は今後もまだまだ続いていくだろう。本書はどちらかといえば「前者寄り」の視点で書かれている。

このことは読者諸賢にも、よく心に留めおいていただければ幸いである。

広島大学大学院先端物質科学研究科の山田隆教授（分子生命機能科学）には、クロレラウイルスに関する資料のご提供と、またミミウイルスや「ウイルスによる核形成仮説」に関する学界の情報のご提供をいただいた。また、仏エクス・マルセイユ大学シャンタール・アベルジェル博士（ウイルス学・微生物学）には、ミミウイルスの写真をご提供いただだいた。また筆者の友人である名城大学薬学部の早川伸樹教授（内科学）には、天然痘の発症過程についてご教示をいただいた。この場を借りて、深く感謝したい。

最後に、休日を中心とならざるを得なかった執筆時間を、家族で過ごすべき時間から割くことに対して我慢を強いることになったが、それを快く許してくれた妻と三人の子どもたち、そして本書執筆の機会を与えていただき、また原稿を出版に堪えるまでに校正、推敲をしていただいた講談社ブルーバックス出版部の中谷淳史氏、そして何より、本書を手にとり、ここまで読み進めていただいた読者諸賢に心から感謝する。

二〇一二年　冬　東京・神楽坂にて　武村　政春

the virus *Acanthamoeba polyphaga mimivirus*. *PLoS Biol.* 6, 1104-1114.

nanowires. *Nano Lett.* 3, 1079-1082.

La Scola B et al. (2008) The virophage as a unique parasite of the giant mimivirus. *Nature* 455, 100-104.

Lwoff A (1957) The concept of virus. *J. General Microbiol.* 17, 239-253.

Mi S et al. (2000) Syncytin is a captive retroviral envelope protein involved in human placental morphogenesis. *Nature* 403, 785-789.

Ono R et al. (2006) Deletion of Peg10, an imprinted gene acquired from a retrotransposon, causes early embryonic lethality. *Nature Genet.* 38, 101-106.

Raoult D et al. (2004) The 1.2-megabase genome sequence of mimivirus. *Science* 306, 1344-1350.

Raoult D and Forterre P (2008) Redefining viruses: lessons from mimivirus. *Nature Rev. Microbiol.* 6, 315-319.

Sekita Y et al. (2008) Role of retrotransposon-derived imprinted gene, Rtl1, in the feto-maternal interface of mouse placenta. *Nature Genet.* 40, 243-248.

白土（堀越）東子、武田直和（2007）ノロウイルスと血液型抗原. *ウイルス* 57, 181-190.

Shirato H (2011) Norovirus and histo-blood group antigens. *Jpn. J. Infect. Dis.* 64, 95-103.

Takemura M (2001) Poxviruses and the origin of the eukaryotic nucleus. *J. Mol. Evol.* 52, 419-425.

Tolonen N et al. (2001) Vaccinia virus DNA replication occurs in endoplasmic reticulum-enclosed cytoplasmic mini-nuclei. *Mol. Biol. Cell* 12, 2031-2046.

Tsukamoto R et al. (2007) Synthesis of CoPt and $FePt_3$ nanowires using the central channel of tobacco mosaic virus as a biotemplate. *Chem. Mater.* 19, 2389-2391.

Villarreal LP and DeFilippis VR (2000) A hypothesis for DNA viruses as the origin of eukaryotic replication proteins. *J. Virol.* 74, 7079-7084.

Yamada T (2011) Giant viruses in the environment: their origins and evolution. *Curr. Opin. Virol.* 1, 58-62.

Zauberman N et al. (2008) Distinct DNA exit and packaging portals in

（二）　学術図書（参考書、専門書、辞典）

石川統ほか編　『生物学辞典』　東京化学同人、二〇一〇
髙田賢蔵編　『医科ウイルス学・改訂第３版』　南江堂、二〇〇九
遠山益著　　『生命科学史』　裳華房、二〇〇六
西川武二監修『標準皮膚科学・第８版』医学書院、二〇〇七
ブラック著　『微生物学・第２版』　林英生ほか監訳、丸善、二〇〇七
矢嶋聰ほか編『NEW 産婦人科学・改訂第２版』　南江堂、二〇〇四

（三）　学術論文（直接引用したもののみを示した）

Arslan D et al.（2011）Distant mimivirus relative with a larger genome highlights the fundamental features of megaviridae. *Proc. Natl. Acad. Sci. USA* 108, 17486-17491.
Bell PJL（2001）Viral eukaryogenesis: was the ancestor of the nucleus a complex DNA virus? *J. Mol. Evol.* 53, 251-256.
Bell PJL（2009）The viral eukaryogenesis hypothesis. *Ann. N. Y. Acad. Sci.* 1178, 91-105.
Bergh Ø et al.（1989）High abundance of viruses found in aquatic environments. *Nature* 340, 467-468.
Claverie JM and Abergel C（2009）Mimivirus and its virophage. *Annu. Rev. Genet.* 43, 49-66.
Dupressoir A et al.（2009）Syncytin-A knockout mice demonstrate the critical role in placentation of a fusogenic, endogenous retrovirus-derived, envelope gene. *Proc. Natl. Acad. Sci. USA* 106, 12127-12132.
Fischer MG and Suttle CA（2011）A virophage at the origin of large DNA transposons. *Nature* 332, 231-234.
Goff LJ and Coleman AW（1995）Fate of parasite and host organelle DNA during cellular transformation of red algae by their parasites. *Plant Cell* 7, 1899-1911.
Klose T et al.（2010）The three-dimensional structure of mimivirus. *Intervirol.* 53, 268-273.
Knez M et al.（2003）Biotemplate synthesis of 3-nm nickel and cobalt

# 参考図書

以下にご紹介する図書は、筆者が本書を執筆するうえで参考にし、または引用に供したものの一部であるが、これらは読者諸賢がウイルスについてもっと理解を深めたいと思われたときにお読みになるのにも最適な図書である。

また、一般向けの図書として、筆者の著書も念のため挙げておいたので、何かの機会にご笑覧いただければ幸いである。

（一）　一般向けの図書（科学読み物、新書など）

今西二郎著　『ウイルスってなに？』　金芳堂、二〇〇九

河岡義裕ほか著『インフルエンザパンデミック』　講談社ブルーバックス、二〇〇九

武村政春著　『生命のセントラルドグマ』　講談社ブルーバックス、二〇〇七

武村政春著　『ＤＮＡ誕生の謎に迫る！』　サイエンス・アイ新書、二〇一〇

武村政春著　『おへそはなぜ一生消えないか』　新潮新書、二〇一〇

武村政春著　『たんぱく質入門』　講談社ブルーバックス、二〇一一

夏緑著　『ポケット図解　ウイルスと微生物がよ〜くわかる本』　秀和システム、二〇〇八

根路銘国昭著『驚異のウイルス』　羊土社、二〇〇〇

畑中正一著　『殺人ウイルスの謎に迫る！』　サイエンス・アイ新書、二〇〇八

ブルックス著『まだ科学で解けない13の謎』　楡井浩一訳、草思社、二〇一〇

山内一也著　『ウイルスと人間』　岩波科学ライブラリー、二〇〇五

山内一也著　『ウイルスと地球生命』　岩波科学ライブラリー、二〇一二

レオーニ著　『平行植物』　宮本淳訳、ちくま文庫、一九九八

リンパ節 ……………………91
ルヴォフ ……………………201
レトロウイルス ………38, 121
レトロトランスポゾン
……………………………141, 151
濾過性病原体 ………………32
ワクチニアウイルス ……180
ワクチン ……………………81

バクテリオファージ
……52, 212
パストゥール……87
白血病……122
発疸……91
パピローマウイルス……38
バレ＝シヌシ……128
パンデミック……109
ピコルナウイルス……38
尾繊維……52
ヒツジ痘ウイルス……89
ヒトT細胞白血病ウイルス
……122
ヒト・ゲノム……140
ヒト免疫不全ウイルス
……52, 124
ヒトデ構造……172
日沼頼夫……122
被覆ピット……54
病原体……20, 136, 159
表面繊維……172
フィロウイルス科……129
封入体……60
複製……76
複製エラー……115
ブタ痘ウイルス……89
ブニヤウイルス科……133
プラス鎖……76
プラスミド……157
プロウイルス……75, 123, 143
分節化……111
ベクター……80
ヘマグルチニン
……51, 105, 108
ベル……187
ヘルパーT細胞……125
ヘルペスウイルス……38
放出……61
ポックスウイルス……85
ポリオウイルス……30
ポリドナウイルス……200
ポリプロテイン……97
香港風邪……109
翻訳……71, 74, 76

（ま・や・ら・わ行）

マールブルグウイルス
……132
マイナス鎖……76
マクロファージ……127
ミミウイルス……16, 167
メガウイルス……197
メッセンジャーRNA……71
免疫……110
モンタニエ……128
有胎盤類……146
溶菌……62
ライノウイルス……30, 38, 95
ラウール……16, 167
リフトバレー熱ウイルス
……132
リボース……68
リボ核酸……27
リボソーム……199

ジンチチウム細胞 ………148
侵入 ………54
水平伝播 ………152
スタンレー ………22
スプートニク ………175
スペイン風邪 ………109
生活環 ………47, 110
成熟 ………58
生殖細胞 ………204, 207
生命体 ………199
セントラルドグマ ………72
潜伏 ………42
潜伏感染 ………65
潜伏期間 ………64
増殖 ………50
側体 ………88
ソ連風邪 ………110

（た行）

帯状疱疹 ………66
第二の核 ………182
胎盤 ………146
第四のドメイン ………199
多細胞生物 ………34
脱殻 ………56
タバコモザイクウイルス ………22, 137
単細胞生物 ………34
タンパク質 ………24, 27
タンパク質分解酵素 ………56
超界 ………34
デオキシリボース ………68
デオキシリボ核酸 ………25
デオキシリボヌクレオチド ………67
テロメア・ループ ………190
転写 ………70, 73, 76
伝染性軟属腫ウイルス ………89
天然痘 ………90
天然痘ウイルス ………32, 38, 85
糖鎖 ………102
痘瘡ウイルス ………85
動物ウイルス ………34
突然変異 ………116
ドメイン ………34
トランスファーRNA ………72
トランスポゾン ………141

（な行）

内在性レトロウイルス配列 ………144
ナノマシン ………137
二本鎖RNAウイルス ………76
ニワトリ痘ウイルス ………89
ヌクレオカプシド ………55
ヌクレオチド ………67
ノイラミニダーゼ ………105
ノイラミン酸 ………108
ノロウイルス ………38, 100
ノンエンベロープウイルス ………31

（は行）

バクテリア ………14, 34

オルフウイルス……89

（か行）

外来性レトロウイルス…144
核（細胞核）……25, 91, 181
核移行シグナル……75
核移行メカニズム……73
核細胞質大型DNAウイルス……180
核酸……24
風邪……92
カプシド……24, 27, 96, 158, 199
カリシウイルス……38
カリシウイルス科……100
川上襄……164
環状DNA……157
感染症……84
季節性インフルエンザ……110
逆転写……75
逆転写酵素……121
キャリアー……124
ギャロ……122
吸着……50
巨大ウイルス……17, 166
クラヴェリ……167
クロレラウイルス（クロロウイルス）……164
血液型……102
原核生物……25, 34
コア……88
合成……57, 73, 74
酵素……29
紅藻……191
抗体……29, 116
口蹄疫ウイルス……22
古細菌……34
古細菌ウイルス……34
コロナウイルス……100
コロナウイルス科……133
昆虫ウイルス……34

（さ行）

細胞……22, 154
細胞依存性……160
細胞骨格……29
細胞質……91
細胞崩壊……61
サル痘ウイルス……89
ジェンナー……85
ジャイラス……166
宿主……31
出芽……62
種痘……86
食細胞……127
触媒……29
植物ウイルス……34
進化（生物進化）……159, 161
真核生物……25, 34
真核生物ウイルス……34
シンシチン……148
真正細菌……34
真正細菌ウイルス……34

# さくいん


（英文字）

CD155 ……52
CD4 ……52
DNA ……25, 67
DNAウイルス ……27, 35, 73
DNAトランスポゾン ……141
DNAポリメラーゼ ……183
DNAポリメラーゼα ……183
ENV ……52, 59
HA ……51, 105, 108
HAの開裂 ……113
HIV ……52, 124
LAV ……128
mRNA ……71
NA ……105, 108
NCLDV ……180
RNA ……27, 68
RNAウイルス ……27, 38, 74
RNAポリメラーゼ ……70, 97
RNAワールド ……159
RNP ……59, 62, 74
SARSウイルス ……133
tRNA ……72
VPタンパク質 ……97

（あ行）

亜型 ……107
アジア風邪 ……109
アデノウイルス ……38, 100
アミノアシルtRNA合成酵素 ……169, 197
アミノ酸配列 ……70
アメーバ ……14
一本鎖RNAウイルス ……76
遺伝子 ……25
遺伝子治療 ……80
インターロイキン ……125
インフルエンザウイルス ……32, 38, 104
ヴァイロファージ ……175
ヴィラリール ……186
ウイルス工場 ……176, 179
ウイルスによる核形成 ……188
ウイルス粒子 ……204
ウイロイド ……157
ウサギ粘膜腫ウイルス ……89
エピデミック ……110
エボラウイルス ……129
エマージングウイルス ……130
塩基配列 ……68
エンテロウイルス ……99
エンドサイトーシス ……55
エンドソーム ……54
エンベロープ ……30
エンベロープウイルス ……31
黄熱病ウイルス ……32
オルソポックスウイルス ……88
オルソミクソウイルス ……38

N.D.C.465.8　228p　18cm

ブルーバックス　B-1801

# 新しいウイルス入門

単なる病原体でなく生物進化の立役者？

2013年1月20日　第1刷発行
2020年8月7日　第6刷発行

著者　武村政春

発行者　渡瀬昌彦
発行所　株式会社講談社
〒112-8001 東京都文京区音羽2-12-21
電話　出版　03-5395-3524
販売　03-5395-4415
業務　03-5395-3615
印刷所　（本文印刷）豊国印刷株式会社
（カバー表紙印刷）信毎書籍印刷株式会社
本文データ制作　講談社デジタル製作
製本所　株式会社国宝社

定価はカバーに表示してあります。



ISBN978−4−06−257801−1

発刊のことば

# 科学をあなたのポケットに

二十世紀最大の特色は、それが科学時代であるということです。科学は日に日に進歩を続け、止まるところを知りません。ひと昔前の夢物語もどんどん現実化しており、今やわれわれの生活のすべてが、科学によってゆり動かされているといっても過言ではないでしょう。

そのような背景を考えれば、学者や学生はもちろん、産業人も、セールスマンも、ジャーナリストも、家庭の主婦も、みんなが科学を知らなければ、時代の流れに逆らうことになるでしょう。

ブルーバックス発刊の意義と必然性はそこにあります。このシリーズは、読む人に科学的に物を考える習慣と、科学的に物を見る目を養っていただくことを最大の目標にしています。そのためには、単に原理や法則の解説に終始するのではなくて、政治や経済など、社会科学や人文科学にも関連させて、広い視野から問題を追究していきます。科学はむずかしいという先入観を改める表現と構成、それも類書にないブルーバックスの特色であると信じます。

一九六三年九月　　野間省一

# ブルーバックス　生物学関係書（I）

| | | |
|---|---|---|
| 1073 | へんな虫はすごい虫 | 安富和男 |
| 1176 | 考える血管 | 児玉龍彦／浜窪隆雄 |
| 1341 | 食べ物としての動物たち | 伊藤　宏 |
| 1391 | ミトコンドリア・ミステリー | 林　純一 |
| 1410 | 新しい発生生物学 | 木下　圭／浅島　誠 |
| 1427 | 筋肉はふしぎ | 杉　晴夫 |
| 1439 | 味のなんでも小事典 | 日本味と匂学会＝編 |
| 1472 | DNA（上）ジェームス・D・ワトソン／アンドリュー・ベリー | 青木　薫＝訳 |
| 1473 | DNA（下）ジェームス・D・ワトソン／アンドリュー・ベリー | 青木　薫＝訳 |
| 1507 | 新しい高校生物の教科書 | 栃内　新<br>左巻健男＝編著 |
| 1528 | 新・細胞を読む | 山科正平 |
| 1537 | 「退化」の進化学 | 犬塚則久 |
| 1538 | 進化しすぎた脳 | 池谷裕二 |
| 1565 | これでナットク！　植物の謎 | 日本植物生理学会＝編 |
| 1612 | 光合成とはなにか | 園池公毅 |
| 1626 | 進化から見た病気 | 栃内　新 |
| 1637 | 分子進化のほぼ中立説 | 太田朋子 |
| 1662 | 老化はなぜ進むのか | 近藤祥司 |
| 1670 | 森が消えれば海も死ぬ　第2版 | 松永勝彦 |
| 1672 | カラー図解　アメリカ版　大学生物学の教科書<br>第1巻　細胞生物学 | D・サダヴァ他<br>石崎泰樹<br>丸山　敬＝監訳・翻訳 |
| 1673 | カラー図解　アメリカ版　大学生物学の教科書<br>第2巻　分子遺伝学 | D・サダヴァ他<br>石崎泰樹<br>丸山　敬＝監訳・翻訳 |
| 1674 | カラー図解　アメリカ版　大学生物学の教科書<br>第3巻　分子生物学 | D・サダヴァ他<br>石崎泰樹<br>丸山　敬＝監訳・翻訳 |
| 1712 | 図解　感覚器の進化 | 岩堀修明 |
| 1725 | 魚の行動習性を利用する釣り入門 | 川村軍蔵 |
| 1727 | iPS細胞とはなにか | 朝日新聞大阪本社<br>科学医療グループ |
| 1730 | たんぱく質入門 | 武村政春 |
| 1792 | 二重らせん | ジェームス・D・ワトソン<br>江上不二夫／中村桂子＝訳 |
| 1800 | ゲノムが語る生命像 | 本庶　佑 |
| 1801 | 新しいウイルス入門 | 武村政春 |
| 1821 | これでナットク！　植物の謎Part2 | 日本植物生理学会＝編 |
| 1829 | エピゲノムと生命 | 太田邦史 |
| 1842 | 記憶のしくみ（上） | ラリー・R・スクワイア<br>エリック・R・カンデル<br>小西史朗／桐野　豊＝監修 |
| 1843 | 記憶のしくみ（下） | ラリー・R・スクワイア<br>エリック・R・カンデル<br>小西史朗／桐野　豊＝監修 |
| 1844 | 死なないやつら | 長沼　毅 |
| 1848 | 今さら聞けない科学の常識3<br>聞くなら今でしょ！ | 朝日新聞科学医療部＝編 |
| 1849 | 分子からみた生物進化 | 宮田　隆 |

# ブルーバックス　生物学関係書（Ⅱ）

| | | |
|---|---|---|
| 1853 | 図解　内臓の進化 | 岩堀修明 |
| 1854 | カラー図解　EURO版　バイオテクノロジーの教科書（上） | ラインハート・レンネバーグ　小林達彦＝監修　田中暉夫／奥原正國＝訳 |
| 1855 | カラー図解　EURO版　バイオテクノロジーの教科書（下） | ラインハート・レンネバーグ　小林達彦＝監修　田中暉夫／奥原正國＝訳 |
| 1861 | 発展コラム式　中学理科の教科書　改訂版　生物・地球・宇宙編 | 石渡正志　滝川洋二＝編 |
| 1872 | マンガ　生物学に強くなる | 堂嶋大輔＝作　渡邊雄一郎＝監修 |
| 1874 | もの忘れの脳科学 | 苧阪満里子 |
| 1875 | カラー図解　アメリカ版　大学生物学の教科書　第4巻　進化生物学 | D・サダヴァ他　石崎泰樹　斎藤成也＝監訳 |
| 1876 | カラー図解　アメリカ版　大学生物学の教科書　第5巻　生態学 | D・サダヴァ他　石崎泰樹　斎藤成也＝監訳 |
| 1884 | 驚異の小器官　耳の科学 | 杉浦彩子 |
| 1889 | 社会脳からみた認知症 | 伊古田俊夫 |
| 1892 | 「進撃の巨人」と解剖学 | 布施英利 |
| 1898 | 哺乳類誕生　乳の獲得と進化の謎 | 酒井仙吉 |
| 1902 | 巨大ウイルスと第4のドメイン | 武村政春 |
| 1923 | コミュ障　動物性を失った人類 | 正高信男 |
| 1929 | 心臓の力 | 柿沼由彦 |
| 1943 | 神経とシナプスの科学 | 杉　晴夫 |
| 1944 | 細胞の中の分子生物学 | 森　和俊 |
| 1945 | 芸術脳の科学 | 塚田　稔 |
| 1964 | 脳からみた自閉症 | 大隅典子 |
| 1990 | カラー図解　進化の教科書　第1巻　進化の歴史 | カール・ジンマー　ダグラス・J・エムレン　更科　功／石川牧子／国友良樹＝訳 |
| 1991 | カラー図解　進化の教科書　第2巻　進化の理論 | カール・ジンマー　ダグラス・J・エムレン　更科　功／石川牧子／国友良樹＝訳 |
| 1992 | カラー図解　進化の教科書　第3巻　系統樹や生態から見た進化 | カール・ジンマー　ダグラス・J・エムレン　更科　功／石川牧子／国友良樹＝訳 |
| 2010 | 生物はウイルスが進化させた | 武村政春 |
| 2018 | カラー図解　古生物たちのふしぎな世界 | 土屋　健／田中源吾＝協力 |
| 2037 | 我々はなぜ我々だけなのか | 川端裕人／海部陽介＝監修 |
| 2053 | 鳥！　驚異の知能 | ジェニファー・アッカーマン　鍛原多惠子＝訳 |
| 2070 | 筋肉は本当にすごい | 杉　晴夫 |
| 2077 | 海と陸をつなぐ進化論 | 須藤　斎 |
| 2088 | 植物たちの戦争 | 日本植物病理学会＝編著 |
| 2095 | 深海——極限の世界 | 藤倉克則・木村純一＝編著　海洋研究開発機構＝協力 |
| 2099 | 王家の遺伝子 | 石浦章一 |

1807 ジムに通う人の栄養学　岡村浩嗣

1811 栄養学を拓いた巨人たち　杉 晴夫

1812 からだの中の外界　腸のふしぎ　上野川修一

1814 牛乳とタマゴの科学　酒井仙吉

1820 リンパの科学　加藤征治

1830 単純な脳、複雑な「私」　池谷裕二

1831 新薬に挑んだ日本人科学者たち　塚﨑朝子

1842 記憶のしくみ（上）　ラリー・R・スクワイア／エリック・R・カンデル　小西史朗／桐野 豊＝監修

1843 記憶のしくみ（下）　ラリー・R・スクワイア／エリック・R・カンデル　小西史朗／桐野 豊＝監修

1853 図解　内臓の進化　岩堀修明

1854 カラー図解　EURO版　バイオテクノロジーの教科書（上）　ラインハート・レンネバーグ　小林達彦＝監修　田中暉夫／奥原正國＝訳

1855 カラー図解　EURO版　バイオテクノロジーの教科書（下）　ラインハート・レンネバーグ　小林達彦＝監修　田中暉夫／奥原正國＝訳

1859 放射能と人体　落合栄一郎

1874 もの忘れの脳科学　苧阪満里子

1884 驚異の小器官　耳の科学　杉浦彩子

1889 社会脳からみた認知症　伊古田俊夫

1892 「進撃の巨人」と解剖学　布施英利

1896 新しい免疫入門　審良静男／黒崎知博

1901 99.996%はスルー　竹内 薫／丸山篤史

1903 創薬が危ない　水島 徹

1923 コミュ障　動物性を失った人類　正高信男

1929 心臓の力　柿沼由彦

1931 薬学教室へようこそ　二井將光＝編著

1943 神経とシナプスの科学　杉 晴夫

1945 芸術脳の科学　塚田 稔

1952 意識と無意識のあいだ　マイケル・コーバリス　鍛原多惠子＝訳

1953 自分では気づかない、ココロの盲点　完全版　池谷裕二

1954 発達障害の素顔　山口真美

1955 現代免疫物語beyond　岸本忠三／中嶋 彰

1956 コーヒーの科学　旦部幸博

1964 脳からみた自閉症　大隅典子

1968 脳・心・人工知能　甘利俊一

1976 不妊治療を考えたら読む本　河合 蘭／浅田義正

1978 カラー図解　はじめての生理学　上　動物機能編　田中（貴邑）冨久子

1979 カラー図解　はじめての生理学　下　植物機能編　田中（貴邑）冨久子

1988 40歳からの「認知症予防」入門　伊古田俊夫

# ブルーバックス　化学関係書

969 化学反応はなぜおこるか　上野景平
1152 酵素反応のしくみ　藤本大三郎
1188 金属なんでも小事典　増本 健＝監修　ウォーク＝編著
1240 ワインの科学　清水健一
1296 暗記しないで化学入門　平山令明
1334 マンガ　化学式に強くなる　高松正勝＝原作　鈴木みそ＝漫画
1375 実践　量子化学入門　CD-ROM付　平山令明
1508 新しい高校化学の教科書　左巻健男＝編著
1534 化学ぎらいをなくす本（新装版）　米山正信
1583 熱力学で理解する化学反応のしくみ　平山令明
1646 水とはなにか（新装版）　上平 恒
1710 マンガ　おはなし化学史　松本 泉＝原作　佐々木ケン＝漫画
1729 有機化学が好きになる（新装版）　米山正信／安藤 宏
1816 大人のための高校化学復習帳　竹田淳一郎
1848 今さら聞けない科学の常識3　聞くなら今でしょ！　朝日新聞科学医療部＝編
1849 分子からみた生物進化　宮田 隆
1860 発展コラム式　中学理科の教科書　改訂版　物理・化学編　滝川洋二＝編
1905 あっと驚く科学の数字　数から科学を読む研究会
1922 分子レベルで見た触媒の働き　松本吉泰
1940 すごいぞ！身のまわりの表面科学　日本表面科学会
1956 コーヒーの科学　旦部幸博
1957 日本海　その深層で起こっていること　蒲生俊敬
1980 夢の新エネルギー「人工光合成」とは何か　光化学協会＝編　井上晴夫＝監修
2020 「香り」の科学　平山令明
2028 元素118の新知識　桜井 弘＝編
2080 すごい分子　佐藤健太郎
2090 はじめての量子化学　平山令明

ブルーバックス　12cm CD-ROM付

BC07 ChemSketchで書く簡単化学レポート　平山令明

## ブルーバックス　地球科学関係書

| | | |
|---|---|---|
| 1414 | 謎解き・海洋と大気の物理 | 保坂直紀 |
| 1510 | 新しい高校地学の教科書 | 杵島正洋／松本直記／左巻健男＝編著 |
| 1639 | 見えない巨大水脈　地下水の科学 | 日本地下水学会／井田徹治 |
| 1656 | 今さら聞けない科学の常識2 | 朝日新聞科学グループ＝編 |
| 1670 | 森が消えれば海も死ぬ　第2版 | 松永勝彦 |
| 1721 | 図解　気象学入門 | 古川武彦／大木勇人 |
| 1756 | 山はどうしてできるのか | 藤岡換太郎 |
| 1804 | 海はどうしてできたのか | 藤岡換太郎 |
| 1824 | 日本の深海 | 瀧澤美奈子 |
| 1834 | 図解　プレートテクトニクス入門 | 木村　学／大木勇人 |
| 1844 | 死なないやつら | 長沼　毅 |
| 1848 | 今さら聞けない科学の常識3　聞くなら今でしょ！ | 朝日新聞科学医療部＝編 |
| 1861 | 発展コラム式　中学理科の教科書　改訂版　生物・地球・宇宙編 | 石渡正志／滝川洋二＝編 |
| 1865 | 地球進化　46億年の物語 | ロバート・ヘイゼン　円城寺　守＝監訳　渡会圭子＝訳 |
| 1883 | 地球はどうしてできたのか | 吉田晶樹 |
| 1885 | 川はどうしてできるのか | 藤岡換太郎 |
| 1905 | あっと驚く科学の数字 | 数から科学を読む研究会 |
| 1924 | 謎解き・津波と波浪の物理 | 保坂直紀 |
| 1925 | 地球を突き動かす超巨大火山 | 佐野貴司 |
| 1936 | Q&A火山噴火127の疑問 | 日本火山学会＝編 |
| 1957 | 日本海　その深層で起こっていること | 蒲生俊敬 |
| 1974 | 海の教科書 | 柏野祐二 |
| 1995 | 活断層地震はどこまで予測できるか | 遠田晋次 |
| 2000 | 日本列島１００万年史 | 山崎晴雄／久保純子 |
| 2002 | 地学ノススメ | 鎌田浩毅 |
| 2004 | 人類と気候の10万年史 | 中川　毅 |
| 2008 | 地球はなぜ「水の惑星」なのか | 唐戸俊一郎 |
| 2015 | 三つの石で地球がわかる | 藤岡換太郎 |
| 2021 | 海に沈んだ大陸の謎 | 佐野貴司 |
| 2067 | フォッサマグナ | 藤岡換太郎 |
| 2068 | 太平洋　その深層で起こっていること | 蒲生俊敬 |
| 2074 | 地球46億年　気候大変動 | 横山祐典 |
| 2075 | 日本列島の下では何が起きているのか | 中島淳一 |
| 2077 | 海と陸をつなぐ進化論 | 須藤　斎 |
| 2094 | 富士山噴火と南海トラフ | 鎌田浩毅 |
| 2095 | 深海——極限の世界 | 藤倉克則・木村純一＝編著　海洋研究開発機構＝協力 |
| 2097 | 地球をめぐる不都合な物質 | 日本環境学会＝編著 |